现代电机典藏系列

U0166494

永磁同步电机模型预测控制

张晓光 著

机械工业出版社

本书综合介绍了模型预测控制的原理与新进展及其在永磁同步电机控制中的应用。主要包括永磁同步电机模型及基础、常规模型预测控制技术，以及多种永磁同步电机模型预测控制方案。本书打破了常规交流电机模型预测控制的默认规则与理论局限，提出了基于死区电压矢量的模型预测控制、多级串联模型预测控制等系统思想，在继承常规模型预测控制优点的同时有效提升了系统整体控制表现，丰富了模型预测控制的理论体系。

本书可供电机驱动方向的研究人员、研究生以及高年级本科生使用，也可供从事交流电机控制技术研发的工程技术人员参考。

图书在版编目（CIP）数据

永磁同步电机模型预测控制/张晓光著. —北京：机械工业出版社，2022.4（2023.4 重印）

（现代电机典藏系列）

ISBN 978-7-111-70000-5

Ⅰ.①永… Ⅱ.①张… Ⅲ.①永磁同步电机-系统模型-预测控制 Ⅳ.①TM351.012

中国版本图书馆 CIP 数据核字（2022）第 007630 号

机械工业出版社（北京市百万庄大街 22 号　邮政编码 100037）
策划编辑：江婧婧　　　　　　　责任编辑：江婧婧
责任校对：肖　琳　刘雅娜　　　封面设计：鞠　杨
责任印制：郜　敏
北京富资园科技发展有限公司印刷
2023 年 4 月第 1 版第 3 次印刷
169mm×239mm·12.5 印张·239 千字
标准书号：ISBN 978-7-111-70000-5
定价：79.00 元

电话服务　　　　　　　　　　　网络服务
客服电话：010-88361066　　　　机　工　官　网：www.cmpbook.com
　　　　　010-88379833　　　　机　工　官　博：weibo.com/cmp1952
　　　　　010-68326294　　　　金　书　网：www.golden-book.com
封底无防伪标均为盗版　　　　机工教育服务网：www.cmpedu.com

序

模型预测控制理论已经发展了数十载，但是鉴于电气变量的精确控制需要快速的处理速度，因此受限于数据处理器的计算能力和处理速度，模型预测控制在电机控制领域的应用在近十几年才获得长足发展。模型预测控制将驱动电机的变换器当作离散和非线性执行机构，并将变换器与电机视为整体，根据两者的离散模型及电机当前控制变量的状态，对未来时刻的电机控制变量进行预测，借助于能够体现控制目标的代价函数对基本电压矢量进行评估，从而选择最优电压矢量并作用于电机。该控制技术具有概念清晰、控制结构直观、易于操作与实现、具有多变量协同控制能力等诸多优势与特点，在交流电机控制领域受到了普遍关注。

本书内容涵盖了永磁同步电机模型及基础、常规模型预测控制技术，以及多种永磁同步电机模型预测控制方案。本书涉及面广、内容丰富，在大量理论分析基础上配有翔实的实验结果与图表数据，便于读者快速掌握并理解所述内容，对电机控制领域的研究者、工程师、研究生十分有益。

本书作者是电机驱动领域的青年学者，长期从事永磁同步电机高性能控制的研究工作，经过多年积累，这本书即将呈现在读者面前。相信本书能够为读者提供不一样的视角去认知与发掘电机驱动的魅力，同时也希望本书能进一步启发读者开阔思路，为我国电机驱动事业做出贡献。

程明

IEEE Fellow

东南大学首席教授

前　言

模型预测控制具有非线性约束与多变量同时控制的能力，并且结构简单易实现，近年来获得研究人员的广泛关注。在电机控制领域，相对于经典的矢量控制，模型预测控制不用考虑电流环及其 PI 参数整定，不存在带宽限制问题，同时不需要进行脉冲宽度调制，可直接发出开关驱动信号；另一方面，模型预测控制根据当前测量值对电机未来状态变量进行预测，以实现最优电压矢量的选择，相比于直接转矩控制，所选的电压矢量更为准确可靠。并且模型预测控制可以将开关变换次数、零序变量抑制等问题作为约束条件或控制目标，以优化电压矢量选择，相比于矢量控制与直接转矩控制具有一定的原理性优势。

在国家自然科学基金（51877002）和中国博士后科学基金（2021M690601）等项目的资助下，作者近年来在永磁同步电机模型预测控制领域开展了深入的研究，取得了一些原创科研成果，特别是突破了常规模型预测控制的默认规则与理论局限，提出了基于死区电压矢量的模型预测控制与多级串联模型预测控制的系统思想与框架，在继承常规模型预测控制优点的同时有效提升了系统整体控制表现，丰富了模型预测控制的理论体系；另外，从鲁棒性提升、矢量选择、权重因子等多个维度进一步完善了模型预测控制的理论框架。

本书是国内第一本介绍永磁同步电机模型预测控制相关技术的专著。前三章为概述和模型预测控制基础理论，后五章为本书的重点，主要介绍了鲁棒模型预测控制、模型预测电压控制、直接速度模型预测控制、基于死区电压矢量的模型预测控制及多级串联模型预测控制等核心内容。本书由张晓光统筹撰写，在作者实验室学习与工作过的研究生侯本帅、张亮、王克勤、何一康、李毅、程昱、张文涵、赵志豪与徐炜为本书的成稿做出了很大贡献；另外，研究生闫康、白海龙、高旭、王子维、张晨光、李霁与刘峥协助作者进行了全书的校对，在此一并感谢。

作者希望本书能够对致力于交流电机模型预测控制研究的科研工作者、技术工程师、研究生以及高年级本科生有所帮助。由于作者水平有限，并且电机模型预测控制理论正在经历飞速的发展过程，书中难免存在很多不准确甚至错误之处，敬请读者朋友们批评指正。

张晓光
2021 年 10 月于北京

目　录

目　录

第 1 章

概　述

1.1　研究背景及意义

进入到 21 世纪工业发展的新阶段，为了适应世界工业新的发展趋势，我国部署了全面推进制造强国的战略计划——《中国制造 2025》，这是我国工业发展转型为制造强国的第一个十年行动纲领[1-3]。因此，为了实现工业制造与现代科技的深度融合发展，使工业发展更具创新性、互联性、信息化和智能化，高端设备制造领域将成为工业发展新阶段的重点之一。而电机作为将电能转换为机械能的载体，被广泛应用于制造业中，在机电能量转换中发挥着至关重要的作用[4]。

若对电机进行宏观分类，根据供电电源种类的不同可分类为交流电机和直流电机[5,6]。在 20 世纪中期，直流电机由于其简单的调速方式被广泛应用于各类工业领域，然而由于其包含换向器和电刷，使得直流电机维护难度较高，可靠性差，这成为制约直流电机发展的主要因素[7]。相对比而言，交流电机在 20 世纪 80 年代后开始被学者们逐渐重视。与直流电机相比，交流电机不需要换向器和电刷等复杂结构，并且制造简单、价格低廉，系统具有更强的可靠性，随之得到了快速发展并在现代工业领域中应用得越来越广泛。

随着高性能汝铁硼等永磁材料的发展，以永磁体作为转子的永磁同步电机（Permanent Magnet Synchronous Motor，PMSM）问世并在 20 世纪末期得到了长足发展[8]。对比而言，永磁同步电机不需要换向器和电刷，并且利用永磁体代替了交流电机中的转子励磁绕组，具有可靠性高、结构简单、体积小、调速范围广、功率密度大、效率高等诸多优点[9-11]。因此，与永磁同步电机本体一样，其驱动控制方法也受到了国内外广大学者的高度关注。此外，电力电子技术的迅速发展更是促进了永磁同步电机控制系统的普及，使得永磁同步电机能够被广泛地应用于航空航天、车床、交通运输等各个领域[12]。

我国稀土永磁材料资源储量丰富，作为永磁同步电机制造的关键材料，在高性能永磁同步电机的研发与应用方面具有得天独厚的优越条件。然而，在高性能应用领域，国内电机控制技术的发展相对于国外仍然存在一定的差距，因此有必要深入研究 PMSM 的高性能电机控制技术，提升我国在高性能电机控制领域的技术水平以及核心竞争力。

1.2 永磁同步电机控制技术概述

电力电子技术与电机控制技术互相促进使二者都得到了长足的发展，作为该领域的研究热点，多种适用于永磁同步电机的控制方式已经被广泛应用到工业领域，例如矢量控制（也称为磁场定向控制）（Field Oriented Control，FOC）[13]和直接转矩控制（Direct Torque Control，DTC）[14]。

在 19 世纪 70 年代，FOC 被提出并用于交流电机调速控制，该控制方式参照直流电机的控制模式，将定子电流分解到直轴和交轴上，对其进行解耦，等效于直流电机中的励磁电流和电枢电流；然后对交直轴上的电流分别进行控制，进而达到控制电机磁通和转矩的效果，实现磁场定向控制[15]。FOC 一般分别对交直轴上的电流和电机转速进行控制，构成双闭环的控制结构，控制准确度高，稳态性能好，但动态响应稍慢。随后 FOC 被引入到 PMSM 的调速控制中，对 PMSM控制技术的发展具有重要的意义，目前已经成为工业领域应用最广泛的控制技术之一[16]。

在 FOC 被提出的十几年后，DTC 这一项新的电机控制技术出现在研究者的视野中[17]。不同于 FOC，DTC 通过磁链与转矩之间的关系，采用滞环比较器直接对电机转矩进行控制。因为 DTC 不涉及坐标变换和动态解耦的过程，结构和算法更为简单，并且能够获得良好的动态性能，但控制过程中转矩脉动较大，稳态性能不如 FOC[18,19]。

由于 PMSM 控制系统是一个强耦合的非线性系统，以上方法并不能满足一些高性能特殊场合的控制要求。因此在 FOC 和 DTC 的基础上，一些先进控制策略被提出并应用于高性能 PMSM 驱动系统，例如滑模控制、自抗扰控制、自适应控制、模糊控制、模型预测控制（Model Predictive Control，MPC）等。

1.3 模型预测控制研究现状

模型预测控制（MPC）技术是一种针对最优控制理论应用问题提出的先进控制技术，其主要特点是使用系统模型来预测控制变量未来的变化，根据预先设定的最优准则选择最优的操作。因此，通过设定合适的最优准则，MPC 可以灵活控制多个重要参数（如电机转矩脉动、开关频率、功率损耗、最大输出电流等），实现多目标最优化控制。相比于传统电机控制方法，MPC 概念直观且易于理解，可针对具体的控制领域和控制目标修改方案。

交流电机 MPC 的核心思想是根据逆变器和电机的离散模型，以及电机当前时刻的状态，预测性地计算出电机未来时刻的状态，进而通过预先设计的评价指标，与预测值进行比较，选择出最优的电压矢量作用于电机[20]。这种考虑未来状态的方法具有许多优点，例如，动态响应快速、在线优化能力强、结构简单、易于添加约束等[21]。但是，对于复杂的模型，预测系统未来时刻的状态需要很大的计算量，在早些时候，微处理器的运算性能并不允许太过复杂的计算，从而限制了 MPC 的发展。随着芯片制造业的飞速发展，微处理器的计算能力和存储空间大幅度提高，这意味着 MPC 的优势可以被充分地发挥出来。在近 15 年，MPC 迅速地成为该领域的研究热点，世界各地的学者对于 MPC 在 PMSM 驱动控制中的应用进行了深入的研究。

根据控制目标的不同，可以将 MPC 细分为模型预测电流控制（Model Predictive Current Control，MPCC）和模型预测转矩控制（Model Predictive Torque Control，MPTC）[22,23]。MPCC 将电流作为控制目标，构建关于电流的代价函数，用于评估每个电压矢量作用后的电流性能，能够选择出使电机电流脉动最小的最优电压矢量。MPTC 的代价函数由转矩和磁链构成，但由于两者的量纲不同，有必要根据实际的控制要求设计合适的权重系数，以获得期望的控制效果。目前还没有足够成熟的理论用于计算转矩磁链之间的权重系数，只能通过大量的试验总结经验，获得较优的权重系数，设计过程复杂[24]。在实际应用场合，往往根据控制性能的要求以及实验条件选择合适的权重。

在 PMSM 驱动系统中，逆变器产生基本电压矢量作为电机的直接控制对象。传统 MPC 通过枚举的方式，将每个基本电压矢量带入到 PMSM 的预测模型中，得到所需要的预测变量（电流、转矩等），进而计算出代价函数以评估每个基本电压矢量的效果，选择出最优的电压矢量并施加到电机。值得注意的是，两电平逆变器所产生的基本电压矢量是有限的（2 个零矢量和 6 个非零矢量），在每个控制周期有且只有一个基本电压矢量被施加于电机，因此这种方法亦可被称之为单矢量模型预测控制（Single Vector MPC，SV – MPC）[25]。由于单矢量 MPC 在每个控制周期只有最优的基本电压矢量被应用于电机，通常所选定的最优电压矢量与期望的参考电压之间存在跟踪误差，这个误差会在一定程度上影响 PMSM 的稳态控制性能[26]。为了改善 PMSM 的稳态控制性能，提高系统的控制频率是一个有效的方法，使控制的间隔缩小，达到更精确的效果。但是，这种方法对于数字处理器的性能要求很高，也不利于复杂控制算法的实现。

为了改善这个问题，一些学者从增加一个控制周期内施加于电机的基本电压矢量个数的角度，给出了多矢量 MPC 方案。根据在一个控制周期内应用于电机的基本电压矢量个数，可以将多矢量 MPC 划分为双矢量 MPC（Double Vector MPC，DV – MPC）和三矢量 MPC[27-29]。在双矢量 MPC 中，在一个控制周期内向电机施加两个基本电压矢量，两个矢量的持续时间之和为整个控制周期的时间[30]。相比于传统的单矢量 MPC，双矢量 MPC 在电压矢量选择和作用时间分配上具有更大的灵活性，通过选择最优的电压矢量组合，计算它们各自的动作时间，可以得到更准确的输出电压矢量。该方法可以显著减小期望参考电压向量与输出电压向量之间的误差，减小电流和转矩脉动，提高控制系统的稳态性能[31]。三矢量 MPC 使用两个有效矢量和一个零矢量合成最终的输出电压，能够精确地跟踪调制范围内的参考电压，因此电流和转矩脉动明显小于单矢量 MPC 和双矢量 MPC，稳态性能最优。

虽然电压矢量个数的增加带来了更为优异的稳态性能，但也不可避免地增加了计算负担和逆变器的开关频率。这是交流电机模型预测控制稳态控制性能与逆变器开关频率之间存在的矛盾问题。值得注意的是，多步模型预测能够有效地解决稳态控制性能与开关频率之间的矛盾问题[32]。根据 MPC 对未来时刻的预测范围，可以将 MPC 划分为两类：单步预测（即为传统 MPC）和多步 MPC。多步预测是在单步预测的基础上，通过迭代计算对系统状态进行多次（一次以上）的预测。为了获得未来多个预测时刻内的全局最优解，即最优电压矢量，多步预测在构建代价函数时需要考虑预测范围内所有采样时刻的系统状态，因此，这种方法能够提高系统稳态性能，降低开关频率[33]。但是，MPC 通过离散预测模型预测未来系统状态，此过程涉及复杂的数学计算。因此，多步预测相比于单步预测，计算量将成指数倍的增加[34]。在实际系统中，控制算法计算时间可能会超出所设置的控制周期，这将会严重影响系统的控制性能。因此，多步预测方法对硬件处理器的要求很高，计算负担是一个值得考虑的问题。为了解决多步预测计算量大的问题，一些学者提出了解决方法。在参考文献［35］中，将 MPC 优化问题转化为整数二次规划问题，结合球面译码算法，减少了预测过程的计算量。在参考文献［36］中，采用了移动模块方法，将预测范围以不同的采样间隔分成两部分，从而在限制计算成本的同时实现较长的预测范围。参考文献［37］采用分支定界法对切换序列进行筛选，可以将计算量减少一个数量级。虽然多步预测具有优越的控制表现，但是目前预测层数较多的多步预测难以在实际电机驱动中应用[38,39]。除此之外，MPC 还面临着权重设计无明确理论指导、计算量简化、开关频率不固定等诸多挑战。

总而言之，交流电机 MPC 仍然处于发展阶段，无论是在学术研究方面还是实际的产品化方面还有很长的路要走。

1.4　本书主要内容

第 1 章讨论了本书内容的研究背景及意义，并对永磁同步电机及其控制的重要性进行了介绍；随后简要概述了目前常用的永磁同步电机的高性能电机控制策略，并对矢量控制、直接转矩控制和模型预测控制进行了简述；最后介绍了本书的主要内容。

第 2 章介绍了永磁同步电机在 ABC 三相静止坐标系，αβ 轴静止坐标系和 dq 轴旋转坐标系下的数学模型，包括电压方程、磁链方程、转矩方程与运动方程等。同时将三种不同坐标系下数学模型间的相互转化矩阵进行了推导，为后文对于模型的分析以及控制算法的原理解释提供了模型基础。

第 3 章介绍了应用于永磁同步电机的传统模型预测控制方法。首先对模型预测电流控制的基本原理进行了介绍并给出了仿真结果；其次介绍了模型预测转矩控制方法并进行了仿真与实验的验证，为后文提出的新方法提供了基础。

第 4 章介绍了鲁棒模型预测控制方法。首先对预测模型中电阻、磁链和电感参数失配或参数变化对模型预测控制性能的影响进行了分析，以此为基础，分别提出了增量式模型鲁棒模型预测控制、基于电流预测误差的鲁棒模型预测控制和基于参数扰动估计的鲁棒模型预测控制三类方法，以解决模型预测控制对模型参数的强依赖性，最后进行了仿真分析和实验验证。仿真和实验证明所提出的几种方案均能够显著提高模型预测控制系统的参数鲁棒性。

第 5 章对模型预测电压控制方法进行了介绍。首先从理论上分析了模型预测电流控制与基于电流无差拍原理的模型预测电压控制的关系，并指出了两者的等价关系；在此基础上，基于转矩磁链无差拍提出了一种能够消除转矩与磁链权重系数的模型预测电压控制方法，并推广到双矢量预测控制中。最后对传统方法和所提出的方法进行了仿真和实验验证，仿真和实验结果证明了所提方法无需权重即可实现较好的转矩与磁链控制。

第 6 章介绍了直接速度模型预测控制方法（DSC）。首先给出了常规直接速度模型预测控制方案，指出其代价函数中包含了较多的权重系数，导致系数设计与调整较为复杂，为了避免过多的权重设计，提出一种基于直接电压选择的直接速度模型预测控制方法（MP-DSC），可实现对速度的直接控制。在此基础上，设计了滑模扰动观测器对系统扰动进行整体观测并补偿，实现了强鲁棒直接速度模型预测控制。本章通过仿真与实验验证了直接速度模型预测控制方案的有效性。

第 7 章介绍了可变死区时间的新型 MPC 思想。其打破了传统 MPC 中死区时间固定的默认规则，将死区作用效果等效为可在线优化作用时间的电压矢量，从而提高了 MPC 的控制自由度。首先，分析了 MPC 中存在的死区效应，并介绍了死区电压矢量的判断规则；其次，在线计算和分配每个控制周期的死区持续时间，通过代价函数选择出最优的电压矢量组合；最后，将选择出的电压矢量组合和它们对应的作用时间按照顺序施加于电机，实验结果表明在不增加开关频率的条件下可有效地提升系统稳态性能。

第 8 章对多级串联模型预测控制方案进行了介绍。首先，将某一个电压矢量的电流轨迹外推到多个控制周期，这能有效减少控制周期之间的电压切换。然后，通过多个预测时刻的代价函数评估此电压矢量在多个控制周期的控制效果，选择出能够使整个预测范围整体最优的电压矢量作为最优矢量。最后，通过实验能够验证该方法具有很好的控制效果，同时可有效地降低逆变器的开关频率。

参 考 文 献

[1] 周济. 智能制造——"中国制造 2025"的主攻方向 [J]. 中国机械工程，2015，26（17）：2273-2284.

[2]《中国制造 2025》与工程技术人才培养研究课题组.《中国制造 2025》与工程技术人才培养 [J]. 高等工程教育研究，2015，155（06）：6-10，82.

[3] 杨华勇，张炜，吴蓝迪. 面向中国制造 2025 的校企合作教育模式与改革策略研究 [J]. 高等工程教育研究，2017（03）：60-65.

[4] 高丽媛. 永磁同步电机的模型预测控制研究 [D]. 杭州：浙江大学，2013.

[5] 杨建飞，永磁同步电机直接转矩控制系统若干关键问题研究 [D]. 南京：南京航空航天大学，2011.

[6] 阮毅，陈伯时. 电力拖动自动控制系统——运动控制系统 [M]. 4 版. 北京：机械工业出版社，2012.

[7] 李正熙，杨立永. 交直流调速系统 [M]. 北京：电子工业出版社，2013.

[8] 徐斌. 永磁同步电机矢量控制系统研究 [D]. 南京：南京理工大学，2014.

[9] 汤新舟. 永磁同步电机的矢量控制系统 [D]. 杭州：浙江大学，2005.

[10] HAN J Q. From PID to active disturbance rejection control [J]. IEEE Transaction on Industrial Electronics. 2009，56（3）：900-906.

[11] 刘计龙，肖飞，沈洋. 永磁同步电机无位置传感器控制技术研究综述 [J]. 电工技术学报，2017，32（16）：76-88.

[12] 姚骏，刘瑞阔，尹潇. 永磁同步电机三矢量低开关频率模型预测控制研究 [J]. 电工技术学报，2018，33（13）：2935-2945.

[13] SUL S. Control of electric machine drive systems [M]. New York：Wiley - IEEE Press，2011.

[14] 牛峰. 永磁同步电机直接转矩控制策略的研究 [D]. 天津：河北工业大学，2015.

[15] 占张青. 永磁同步电机电流预测控制研究 [D]. 徐州：中国矿业大学，2020.

[16] BUJA G S，KAZMIERKOWSKI M P. Direct torque control of PWM inverter - fed AC motors - a survey [J]. IEEE Transactions on Industrial Electronics，2004，51（4）：744-757.

[17] CHOI Y，CHOI H H，JUNG J. Feedback linearization direct torque control with reduced torque and flux ripples for IPMSM drives [J]. IEEE Transactions on Power Electronics，2016，31（5）：3728-3737.

[18] REN Y，ZHU Z Q，LIU J. Direct torque control of permanent - magnet synchronous machine drives with a simple duty ratio regulator [J]. IEEE Transactions on Industrial Electronics，2014，61（10）：5249-5258.

［19］刘莹. 永磁同步电机模型预测控制策略研究［D］. 武汉：华中科技大学，2018.

［20］ZHANG X, LI Y, WANG K, et al. Model predictive control of the open – winding PMSG system based on three dimensional reference voltage – vector［J］. IEEE Transactions on Industrial Electronics，2020，67（8）：6312 – 6322.

［21］RODRIGUEZ J. State of the art of finite control set model predictive control in power electronics［J］. IEEE Transactions on Industrial Informatics，2013，9（2）：1003 – 1016.

［22］牛里，杨明，刘可述，等. 永磁同步电机电流预测控制算法［J］. 中国电机工程学报，2012，32（06）：131 – 137.

［23］ZHANG Y C, YANG H T, XIA B. Model predictive torque control of induction motor drives with reduced torque ripple［J］. IET Electric Power Applications，2015，9（9）：595 – 604.

［24］MORA A, ORELIANA A, JULIET J, et al. Model predictive torque control for torque ripple compensation in variable – speed PMSMs［J］. IEEE Transactions on Industrial Electronics［J］，2016，63（7）：4084 – 4092.

［25］RODRIGUEZ J, KENNEL R, ESPINOZA J, et al. High – performance control strategies for electrical drives：an experimental assessment［J］. IEEE Transactions on Industrial Electronics，2012，59（8）：812 – 820.

［26］WANG F X, LI S H, MEI X Z, et al. Model – based predictive direct control strategies for electrical drives：an experimental evaluation of PTC and PCC methods［J］. IEEE Transactions on Industrial Informatics，2015，11（3）：671 – 681.

［27］ZHANG Y C, YANG H T. Torque ripple reduction of model predictive torque control of induction motor drives［C］//Energy Conversion Congress and Exposition（ECCE），2013 IEEE. Denver：1176 – 1183.

［28］ZHANG X, HOU B. Double vectors model predictive torque control without weighting factor based on voltage tracking error［J］. IEEE Transactions on Power Electronics，2018，33（3）：2368 – 2380.

［29］徐艳平，王极兵，张保程，等. 永磁同步电机三矢量模型预测电流控制［J］. 电工技术学报，2018，33（05）：980 – 988.

［30］张保程. 永磁同步电机双矢量模型预测电流控制［D］. 西安：西安理工大学，2017.

［31］ZHANG Y C, YANG H T. Generalized two – vector – based model – predictive torque control of induction motor drives［J］. IEEE Transactions on Power Electronics，2015，30（7）：3818 – 3829.

［32］CHEN W, ZHANG X, GU X, et al. Band – based multi – step predictive torque control strategy for PMSM drives［J］. IEEE Access，2019（7）：171411 – 171422.

［33］GEYER T, PAPAFOTIOU G, MORARI M. Model predictive direct torque control—part I：concept, algorithm and analysis［J］. IEEE Transactions on Industrial Electronics，2009，56（6）：1894 – 1905.

［34］QUEVEDO D E, GOODWIN G C, DE DONA J A. Finite constraint set receding horizon quadratic control［J］. Int. J. Robust Nonlin. Control，2004，14（4）：355 – 377.

[35] GEYER T, QUEVEDO D E. Performance of multistep finite control set model predictive control for power electronics [J]. IEEE Transactions on Power Electronics, 2015, 30 (3): 1633 – 1645.

[36] AYAD A, KARAMANAKOS P, KENNEL R. Direct model predictive current control strategy of quasi – Z – source inverters [J]. IEEE Transactions on Power Electronics, 2017, 32 (7): 5786 – 5801.

[37] GEYER T. A comparison of control and modulation schemes for medium voltage drives: emerging predictive control concepts versus PWM – based schemes [J]. IEEE Transactions on Industrial Applications, 2011, 47 (3): 1380 – 1389.

[38] GEYER T. Computationally efficient model predictive direct torque control [J]. IEEE Transactions on Power Electronics, 2011, 26 (10): 2804 – 2816.

[39] GEYER T, QUEVEDO D E. Multistep finite control set model predictive control for power electronics [J]. IEEE Transactions on Power Electronics, 2014, 29 (12): 6836 – 6847.

第 2 章

三相永磁同步电机数学模型

当三相永磁同步电机（PMSM）转子磁路结构不同时，电机的运行性能、控制方法、制造工艺和适用场合也会不同。目前，三相永磁同步电机的分类方式有很多，而按照永磁体在转子上的安装方式不同（即永磁体在转子上的位置不同），三相永磁同步电机可以分为表贴式永磁同步电机（SPMSM）和内置式永磁同步电机（IPMSM），具体结构如图 2-1 所示。

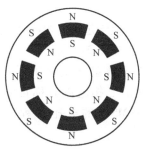

a) 表贴式永磁同步电机(SPMSM)   b) 内置式永磁同步电机(IPMSM)

图 2-1　永磁同步电机转子结构

表贴式永磁同步电机（SPMSM）转子结构示意图如图 2-1a 所示，因为永磁体安装在转子铁心外圆表面，因此将此类电机称为表贴式永磁同步电机，表贴式永磁同步电机多应用于高功率密度场合；内置式永磁同步电机（IPMSM）结构示意图如图 2-1b 所示，鉴于永磁体安装在转子铁心内部，因此将此类电机称为内置式永磁同步电机，内置式永磁同步电机则更多应用于需要电机高速运行的工作场合。

表贴式永磁同步电机和内置式永磁同步电机的等效数学模型主要区别在于电感数值的差异。由于永磁体在转子上的安装方式不同，会使得永磁同步电机的直轴（即转子上永磁体磁极轴线，d 轴）电感和其交轴（即滞后转子永磁体磁极 90°轴线，q 轴）电感在数值上发生变化。因为 SPMSM 的 d 轴、q 轴磁阻差异很小，故认为其 d 轴、q 轴电感的数值大小相同，即 $L = L_d = L_q$。而与 SPMSM 相比，IPMSM 结构下的 q 轴电感通常可达到 d 轴电感的三倍。由于 SPMSM 具有 d 轴和 q 轴电感相同的特点，使得其数学模型在分析上更为方便、简洁。鉴于此，本书中所使用的电机均为表贴式永磁同步电机（SPMSM）。

另外，为了方便研究，本书忽略了电机中的一些非理想因素，对表贴式永磁同步电机做如下的假设[1]：

1）永磁同步电机的定子绕组采用星形联结，同时三相绕组空间对称分布，且三相相位间互差 120°；

2）转子无阻尼绕组，忽略阻尼作用对电机的影响；

3）忽略转子与定子铁心的涡流损耗和磁滞损耗；

4）不计由于加工造成的气隙不对称、磁路饱和以及杂散磁通；

5）忽略电动机参数（绕组电阻与绕组电感等）的变化；

6）电机永磁体磁动势正弦。

2.1 三相静止坐标系下的数学模型

对于绕组位于定子，永磁体置于转子上的 SPMSM，其三相绕组及其磁场轴线之间的关系如图 2-2 所示。

在 ABC 三相静止坐标系下，假设通过线圈的三相电流对称且幅值相同，则 SPMSM 的电压方程可表示为

$$\begin{cases} u_A = Ri_A + \dfrac{d\psi_A}{dt} \\[2mm] u_B = Ri_B + \dfrac{d\psi_B}{dt} \\[2mm] u_C = Ri_C + \dfrac{d\psi_C}{dt} \end{cases} \quad (2\text{-}1)$$

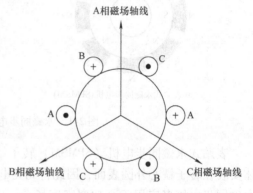

图 2-2　SPMSM 三相绕组及其磁场轴线关系

式中，u_A、u_B、u_C 为定子绕组两端的相电压（V）；i_A、i_B、i_C 为定子绕组通过的相电流（A）；ψ_A、ψ_B、ψ_C 为定子绕组通过电流时与转子永磁体产生的共磁链，即三相绕组磁链（Wb）。

由于电机为星形联结，其三相电流相位互差 120°且三相电流和为零，因此磁链方程可表达为

$$\begin{cases} \psi_A = L_{AA}i_A + M_{AB}i_B + M_{AC}i_C + \psi_f\cos\theta \\[2mm] \psi_B = M_{BA}i_A + L_{BB}i_B + M_{BC}i_C + \psi_f\cos(\theta - 120°) \\[2mm] \psi_C = M_{CA}i_A + M_{CB}i_B + L_{CC}i_C + \psi_f\cos(\theta + 120°) \end{cases} \quad (2\text{-}2)$$

式中，L_{AA}、L_{BB}、L_{CC} 为定子三相绕组电感（H）；M_{xy}（x = A、B、C；y = A、B、C；并且 $x \neq y$）为 ABC 三相中 x 相绕组与 y 相绕组之间的互感（H）；ψ_f 代表永磁体磁链（Wb）；θ 为转子位置角（°）。

SPMSM 的机械运动方程为

$$T_e - T_L = \frac{J}{p}\frac{d\omega}{dt} + B\omega \tag{2-3}$$

式中，T_e 为电磁转矩（N·m）；T_L 为负载转矩（N·m）；J 为转动惯量（kg·m²）；p 为磁极对数；ω 为电机转子角速度（rad/s）；B 为黏滞摩擦系数。

2.2　两相静止坐标系下的数学模型

由上节介绍可知，永磁同步电机在 ABC 三相静止坐标系下的数学模型存在较多的变量，直接用该数学模型构建控制系统相对而言比较困难，因此有必要对该三相静止坐标系下的数学模型进行等效转换。

由于相互垂直的两相绕组在通入交流电后也可以产生圆形旋转磁场，因此在保证旋转磁场等效的情况下，可对上节中所描述的三相静止坐标系下永磁同步电机数学模型进行坐标变换，转换到比较简单的两相静止坐标系（即 αβ 坐标系）下进行分析，而这种变换通常被称为 Clarke 变换。根据变换前后保持电流幅值不变或保持功率不变的原则，Clarke 变换同时又可分为等幅值变换或等功率变换。本书按照惯例，采用等幅值的 Clarke 变换进行相关数学模型分析，其变换矩阵为

$$T_{3s/2s} = \frac{2}{3}\begin{bmatrix} 1 & -\dfrac{1}{2} & -\dfrac{1}{2} \\ 0 & \dfrac{\sqrt{3}}{2} & -\dfrac{\sqrt{3}}{2} \end{bmatrix} \tag{2-4}$$

另一方面，两相静止坐标系转换为 ABC 三相静止坐标系的 Clarke 逆变换矩阵可具体描述为

$$T_{2s/3s} = \frac{2}{3}\begin{bmatrix} 1 & 0 \\ -\dfrac{1}{2} & \dfrac{\sqrt{3}}{2} \\ -\dfrac{1}{2} & -\dfrac{\sqrt{3}}{2} \end{bmatrix} \tag{2-5}$$

因此，基于上述三相静止坐标系下的电机数学模型与坐标变换矩阵可推导获得两相静止坐标系（αβ 坐标系）下的永磁同步电机电压方程如下：

$$\begin{cases} u_{\alpha} = Ri_{\alpha} + \dfrac{d\psi_{\alpha}}{dt} \\[2mm] u_{\beta} = Ri_{\beta} + \dfrac{d\psi_{\beta}}{dt} \end{cases} \tag{2-6}$$

式中，u_{α}、u_{β} 分别代表两相静止坐标系下 α 轴和 β 轴的定子电压分量（V）；i_{α}、

i_β 分别代表定子电流分量（A）；ψ_α、ψ_β 分别代表定子磁链分量（Wb），其具体表达式如式（2-7）所示。

$$\begin{cases} \psi_\alpha = Li_\alpha + \psi_f\cos(\theta) \\ \psi_\beta = Li_\beta + \psi_f\sin(\theta) \end{cases} \tag{2-7}$$

另外，永磁同步电机电磁转矩在 $\alpha\beta$ 两相静止坐标系下可表达为

$$T_e = \frac{3}{2}p \ (\psi_\alpha i_\beta - \psi_\beta i_\alpha) \tag{2-8}$$

2.3　两相旋转坐标系下的数学模型

从控制角度考虑，$\alpha\beta$ 两相静止坐标系下的各物理量为正弦变化量，若想将系统变量转换成直流变量从而简化系统控制，可建立两相旋转坐标系（dq 坐标系），该坐标系的旋转速度与转子角速度一致。因此，从两相旋转坐标系观测各物理量将是直流信号。而将 $\alpha\beta$ 两相静止坐标系转换成 dq 两相旋转坐标系的变换称为 Park 变换，其变换矩阵如下所示：

$$T_{2s/2r} = \begin{bmatrix} \cos(\theta) & \sin(\theta) \\ -\sin(\theta) & \cos(\theta) \end{bmatrix} \tag{2-9}$$

同理，两相旋转坐标系转换为 $\alpha\beta$ 两相静止坐标系的 Park 逆变换矩阵可表示为

$$T_{2r/2s} = \begin{bmatrix} \cos(\theta) & -\sin(\theta) \\ \sin(\theta) & \cos(\theta) \end{bmatrix} \tag{2-10}$$

综上所述，应用 Clarke 变换可以将 ABC 三相静止坐标系下的电机数学模型变换为 $\alpha\beta$ 两相静止坐标系下的数学模型，再通过 Park 变换可进一步变换为 dq 两相旋转坐标系下的数学模型。ABC 坐标系、$\alpha\beta$ 坐标系与 dq 坐标系的关系示意图如图 2-3 所示。

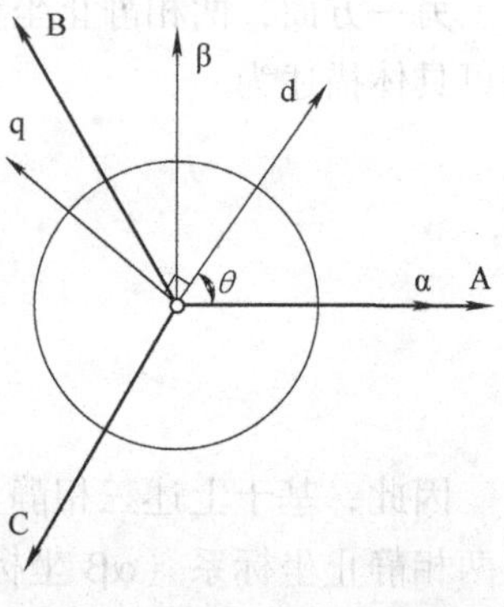

因此，可得 dq 坐标系下的永磁同步电机电压方程如下：

$$\begin{cases} u_d = Ri_d - \omega\psi_q + \dfrac{d\psi_d}{dt} \\ u_q = Ri_q + \omega\psi_d + \dfrac{d\psi_q}{dt} \end{cases} \tag{2-11}$$

图 2-3　ABC 坐标系、$\alpha\beta$ 坐标系、dq 坐标系关系示意图

式中，u_d、u_q 为 d 轴和 q 轴定子电压分量（V）；i_d、i_q 为 d 轴和 q 轴定子电流分量（A）；ψ_d、ψ_q 为 d 轴和 q 轴定子磁链分量（Wb）。

磁链方程为

$$\begin{cases} \psi_d = Li_d + \psi_f \\ \psi_q = Li_q \end{cases} \tag{2-12}$$

转矩方程为

$$T_e = \frac{3}{2}p\left[\psi_f i_q + (L_d - L_q)i_d i_q\right] \tag{2-13}$$

由于表贴式永磁同步电机 d 轴与 q 轴同步电感相等，因此式（2-13）所示转矩方程可简化为

$$T_e = \frac{3}{2}p\psi_f i_q \tag{2-14}$$

根据上述 SPMSM 的 dq 坐标系数学模型，可知 dq 坐标系下的永磁同步电机等效电路图如图 2-4 所示。

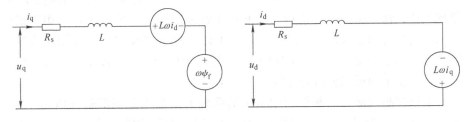

a) q轴的动态等效电路图　　　　　　　　　　b) d轴的动态等效电路图

图 2-4　SPMSM 的 dq 坐标系等效电路图

2.4　本章小结

数学模型是理解与实现永磁同步电机高性能控制的基础，本章分别介绍了永磁同步电机的主要分类以及表贴式永磁同步电机分别在三相静止坐标系、两相静止坐标系以及两相旋转坐标系下的数学模型，为后续章节所述相关控制方法的原理阐述与研究奠定了基础。

参 考 文 献

[1] 阮毅，陈伯时. 电力拖动自动控制系统——运动控制系统 [M]. 4 版. 北京：机械工业出版社，2009.

第 3 章

传统模型预测控制

3.1 模型预测控制简述

永磁同步电机高性能控制方法中，预测控制的结构和原理简单，易于实现，近年来成为国内外学者研究的热点。与矢量控制相比，MPC 无需电流环的比例积分控制器设计，根据代价函数可直接选择最优的电压矢量作用于电机，动态性能更好。相比于直接转矩控制，MPC 采用实时计算的方法确保施加的电压矢量为最优矢量，选择电压更为准确，因此稳态性能更优。另外，MPC 中用于最优矢量选择的代价函数可以进行控制变量扩展以实现多目标控制（比如在代价函数中可以加入限制变量以降低采样频率），相对于传统的矢量控制和直接转矩控制，具有控制结构更加灵活的优势。

在电机控制领域，预测控制中常用的两种方法是无差拍控制（Dead – Beat Control，DBC）和有限状态集模型预测控制。DBC 原理的核心思想是在一个周期内跟踪电磁转矩/定子磁链指令或定子电流指令[1]。DBC 基于电机的数学模型预测参考电压矢量，并通过空间矢量脉宽调制（SVPWM）调制出逆变器的开关信号，此控制方法具有不错的动态性能和稳态跟踪性能。然而，DBC 性能依赖于精确的数学模型，当电机模型参数不准确或电机在运行过程中参数发生变化时，所计算出的参考电压矢量就偏离了期望值；另一方面，数字控制系统存在电流采样延时，占空比更新延时等固有延时，造成了此时刻所计算出的参考电压矢量在下一时刻才施加到逆变器，降低了控制系统性能[2-5]。为了解决 DBC 以上的问题，学者们提出了一些优化控制方法，参考文献 [6] 提出了一种带有电流增量调节器的电流跟踪误差修正技术（current error – correction technique with the current – regulated delta modulator），可以有效减小定子电流稳态误差。参考文献 [7] 为了减小由电感参数变化所导致的参考电流和检测电流跟踪误差，提出了一种鲁棒预测电流控制（robust predictive current control）。参考文献 [8] 提出了一种带有积分回路的预测控制（predictive control with a parallel integral loop），此方法可以对电机模型不确定和电机参数扰动进行补偿。为了提高 DBC 的抗扰性能，有学者对 DBC 和扰动观测器相结合进行了调查研究，并提出了一些行之有效的方法，比如构建扰动观测器[9-11]，通过这种方法不但可以对扰动进行精确补偿，而且可以降低系统对模型不确定和参数扰动的敏感度，提高系统鲁棒性。

MPC 是利用系统离散数学模型和逆变器离散开关状态，通过代价函数在线寻优的方式选择出下一控制时刻电机需要施加的最优电压矢量（即逆变器开关状态）并作用于电机。MPC 具有原理简单、非线性约束能力强及动态特性好等优势；另外，值得注意的是该方法无须脉宽调制可直接输出开关状态，具有简单易实现的特点。然而，MPC 仍然面临着诸多困难需要解决，比如计算量大，权重系数设计复杂，转矩/磁链或电流脉动较大等问题，其中计算量大的问题尤为突出，若进行多步预测，计算量将呈指数增长[12,13]。因此，为了解决 MPC 计算量大的问题，一些方法被提出，比如应用球形译码算法（sphere decoding algorithm）[14,15]、二叉查找树方法（binary search tree）[16]、电压矢量预选法（voltage vector preselect）[17]等。应用这些方法可以有效减小计算量。

MPC 根据控制变量的不同可以分为模型预测电流控制（MPCC）[18-20]和模型预测转矩控制（MPTC）[21-23]，MPCC 中代价函数为电流量，各个电流量之间量纲相同，因此可避免各个电流量之间的权重系数设计问题；但对于 MPTC 而言，由于代价函数中主要控制变量分别为电磁转矩和定子磁链，两个主要控制变量的量纲不同，需要设计权重系数以实现转矩与磁链之间的控制平衡，而权重系数设计的是否合理将直接影响控制系统性能。目前权重系数的设计通常采用实验或仿真调整的方法，此方法耗时而且不直观[24,25]。为了简化权重设计，参考文献［26］在矩阵变换器中引入模糊决策（fuzzy decision - making strategy）调整权重系数。参考文献［27］根据转矩脉动最小的基本原理在线调整权重系数。在此基础上，一些研究学者提出了 MPTC 无须权重系数设计的控制方法，参考文献［28］由传统一个代价函数分解为两个代价函数，分别为转矩代价函数和磁链代价函数，以转矩和磁链两个代价函数值最小来遴选出最优电压矢量。参考文献［29］将转矩和磁链同时控制转化为对定子磁链矢量的控制，从而避免了权重设计。

另外，MPC 方法稳态性能差的问题一直制约了该方法的进一步发展，因此为了提高稳态性能，有文献提出了双矢量 MPC[30]和三矢量 MPC[31]。双矢量 MPC 在一个周期内作用两个矢量，有效抑制了单矢量作用时过调节和欠调节的问题，使电磁转矩/定子磁链或三相电流更为平滑。同理，三矢量 MPC 在一个周期内作用三个矢量，稳态控制效果可与矢量控制媲美，但作用矢量越多，控制结构越复杂，计算量越大，开关损耗与平均开关频率越高。

3.2　模型预测电流控制

永磁同步电机驱动系统的 MPCC 方法动态性能良好，对负载转矩和转速突变的响应迅速。MPCC 基本工作原理是通过离散的电压方程预测 8 个电压矢量对应的下一控制周期电流，然后利用设计的代价函数在线选择 8 个基本电压矢量中使得代价函数最小的矢量作为最优电压矢量，并于下一控制周期作用于电机。

3.2.1 基本工作原理

首先，根据 PMSM 的数学模型，可得 PMSM 在同步旋转坐标系下的电压方程为

$$
\begin{cases}
u_d = Ri_d + L\dfrac{di_d}{dt} - \omega_e Li_q \\[3mm]
u_q = Ri_q + L\dfrac{di_q}{dt} + \omega_e Li_d + \omega_e \psi_f
\end{cases}
\tag{3-1}
$$

式中，u_d 与 u_q 分别为对应的 d 轴、q 轴电压；i_d 和 i_q 为 d 轴、q 轴电流；ω_e 为电角速度；ψ_f 为永磁体磁链；R 为定子电阻。由于采用的电机为表贴式永磁同步电机（SPMSM），因此其交轴与直轴电感近似相等，即 $L = L_d = L_q$。

基于式（3-1）表示的电压模型，可以利用前向欧拉离散方程来预测下一时刻的电流 $i_d(k+1)$ 和 $i_q(k+1)$，具体电流预测方程如下所示：

$$
\begin{cases}
i_d(k+1) = \left(1 - \dfrac{TR}{L}\right)i_d(k) + T\omega_e i_q(k) + \dfrac{T}{L}u_d(k) \\[3mm]
i_q(k+1) = \left(1 - \dfrac{TR}{L}\right)i_q(k) - T\omega_e i_d(k) + \dfrac{T}{L}u_q(k) - \dfrac{T\omega_e \psi_f}{L}
\end{cases}
\tag{3-2}
$$

式中，T 代表系统控制周期。

对于两电平三相电压源逆变器而言，其可以产生 8 个基本电压矢量，包括 6 个非零电压矢量（u_1，u_2，…，u_6）与 2 个零矢量（u_0，u_7），如图 3-1 所示。因此，根据电流预测方程式（3-2）可预测 $k+1$ 时刻 8 个不同电压矢量作用下的 8 组电流值，然后将预测的 8 组电流值分别带入到电流误差代价函数 [式（3-3）] 中，选择具有最小代价函数的电压矢量作为 $k+1$ 时刻的最优电压矢量，并通过逆变器作用于电机。

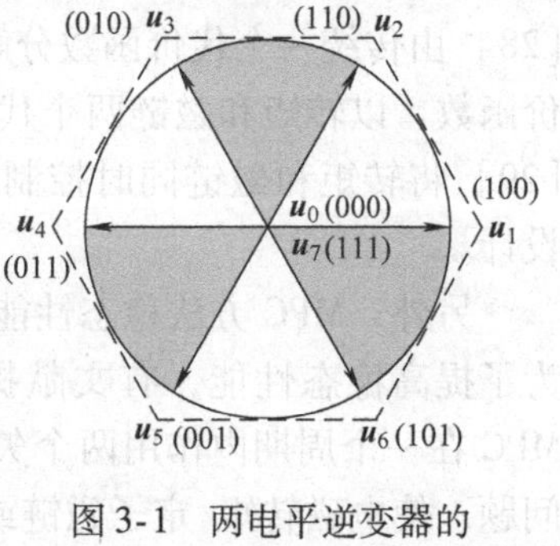

图 3-1 两电平逆变器的
基本电压矢量

$$
g = |i_d^* - i_d| + |i_q^* - i_q|
\tag{3-3}
$$

式中，i_d^* 与 i_q^* 为 d 轴和 q 轴电流的给定值；而给定电流 i_d^* 为零，i_q^* 为转速环的输出。另外，i_d 与 i_q 代表不同电压矢量的预测电流值。

3.2.2 控制延时补偿

在实际系统中，受硬件及数字控制方式的影响，系统的计算延时难以避免。

这就意味着在当前控制周期利用代价函数所选择的最优电压矢量需要到下一时刻才能被施加到电机上，这将会使整个系统的控制性能恶化。因此，有必要对系统进行一拍延时补偿。

基于测量电流 $i_d(k)$ 和 $i_q(k)$，以及当前时刻施加的电压 $u_d(k)$ 和 $u_q(k)$，在式(3-2)表示的电流预测模型基础上可以推导出一拍延时补偿电流为

$$\begin{cases} i_d^p(k+1) = \left(1 - \dfrac{TR}{L}\right)i_d(k) + T\omega_e i_q(k) + \dfrac{T}{L}u_d(k) \\ i_q^p(k+1) = \left(1 - \dfrac{TR}{L}\right)i_q(k) - T\omega_e i_d(k) + \dfrac{T}{L}u_q(k) - \dfrac{T\omega_e\psi_f}{L} \end{cases} \tag{3-4}$$

式中，$i_d^p(k+1)$ 和 $i_q^p(k+1)$ 分别为 d 轴和 q 轴的一拍延时补偿电流。获得的补偿电流 $i_d^p(k+1)$ 和 $i_q^p(k+1)$ 被用来替换式（3-2）表示的电流预测模型中的测量电流 $i_d(k)$ 和 $i_q(k)$。因此，在引入一拍延时补偿之后，电流预测模型被更新为

$$\begin{cases} i_d(k+2) = \left(1 - \dfrac{TR}{L}\right)i_d^p(k+1) + T\omega_e i_q^p(k+1) + \dfrac{T}{L}u_d(k+1) \\ i_q(k+2) = \left(1 - \dfrac{TR}{L}\right)i_q^p(k+1) - T\omega_e i_d^p(k+1) + \dfrac{T}{L}u_q(k+1) - \dfrac{T\omega_e\psi_f}{L} \end{cases} \tag{3-5}$$

式中，$u_d(k+1)$ 和 $u_q(k+1)$ 代表下一时刻预施加的基本电压矢量。

传统模型预测电流控制（MPCC）的原理框图如图 3-2 所示。在该传统方法中，速度外环采用比例积分（PI）控制器，速度外环的输出作为 q 轴电流的给定。因采用 SPMSM 电机，所以 d 轴电流的给定被设定为 0；另一方面，通过电流传感器采样得到电机当前时刻的电流值，通过编码器检测电机转速和角度值，以此为基础根据式（3-4）表示的模型进行一拍延时补偿，计算出 $k+1$ 时刻电流。再将延时补偿电流代入式（3-5）表示的预测模型，并将 8 个基本电压矢量逐一代入进行电流预测。最后，将 8 个电压矢量对应的 8 组电流预测值带入代价函数，选择令代价函数最小的电压矢量为下一周期的最优电压矢量，并在下一控制周期输出其对应的开关信号作用于两电平三相逆变器以驱动永磁同步电机运转。值得注意的是，8 个电压矢量中有两个是零矢量，其作用效果相同。因此选择零矢量时，需记录上一时刻的开关信号，选择令开关变化次数最小的零矢量作为最优零矢量作用于两电平三相逆变器。

3.2.3 仿真结果

为了验证传统 MPCC 方法的有效性，采用 MATLAB/Simulink 仿真软件搭建永磁同步电机单矢量模型预测控制系统模型来验证其控制方法的可行性，并对电机突加负载和带载增速的运行情况进行了仿真实验，其仿真条件如下：

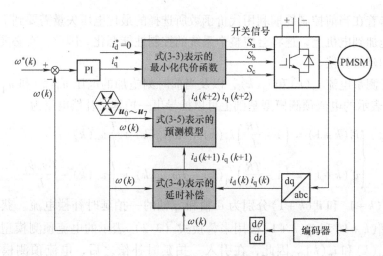

图 3-2 传统 MPCC 的原理框图

1）令启动阶段电机的给定转速为 1000r/min，0.15s 时刻进行加载至 6.5N·m；

2）在 0.3s 时刻进行带载减速至 300r/min，0.4s 将负载减至 2N·m；0.5s 进行带载增速至 800r/min。仿真结果如图 3-3 所示。

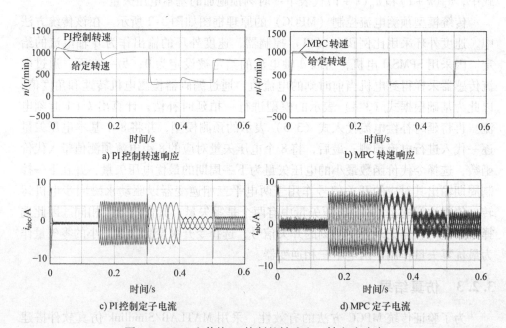

图 3-3 MPC 和传统 PI 控制的转速和 q 轴电流响应

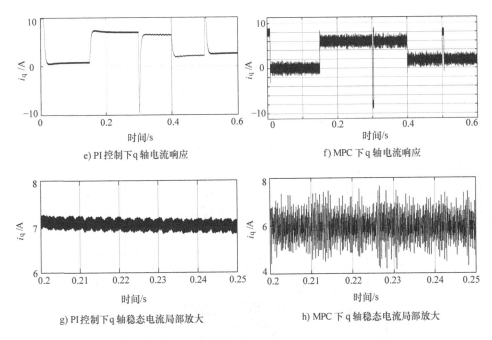

e) PI 控制下 q 轴电流响应　　　　　　　f) MPC 下 q 轴电流响应

g) PI 控制下 q 轴稳态电流局部放大　　　　h) MPC 下 q 轴稳态电流局部放大

图 3-3　MPC 和传统 PI 控制的转速和 q 轴电流响应（续）

由图 3-3 仿真结果可知，在相同启动、增减速和加减载条件下，单矢量 MPC 和传统 PI 控制转速和电流均能快速响应，且单矢量 MPC 电流响应速度更快并在启动过程中保持较高的启动电流，而 PI 控制由于积分饱和作用导致启动电流达到 10A 左右时便逐渐减小。另外，单矢量 MPC 在加载额定负载和减载时转速变化较 PI 控制时优势明显，转速都能迅速跟上给定值，表明 MPC 具有良好的抗扰动性。MPC 在稳态运行时，由于周期内作用电压矢量单一导致其纹波相比 PI 要略大，但转矩电流响应速度略快于 PI，启动加速阶段比传统 PI 响应更快，且在加减载时定子电流过渡更加平滑。综上所述，MPCC 具有良好的动静态性能。

3.3　模型预测转矩控制

交流电机的 MPC 根据控制变量不同可以分为 MPTC 和 MPCC。其中，MPCC 是对定子电流的控制，已经在上一节中进行了介绍；而 MPTC 是对电磁转矩和定子磁链的同时控制，两者属于不同量纲，需要在代价函数中设计权重系数来平衡两种控制变量的关系。

3.3.1 基本控制原理

传统永磁同步电机 MPTC 的原理框图如图 3-4 所示。外环为转速控制，利用给定值与反馈转速差经过 PI 调节得到电磁转矩的给定值，以此为基础，根据最大转矩电流比（MTPA）可以计算出定子磁链给定值。与此同时，控制系统通过电流采样获取电机相电流，经 Clarke 变换成静止坐标系下的电流 $i_s(k)$，利用 k 时刻的电压值和电角速度预测出 $k+1$ 时刻的电流 $i_s(k+1)$，并将 7 个基本电压矢量（两个零矢量可作为一个矢量处理）依次代入电磁转矩和定子磁链预测方程中，预测下一时刻电磁转矩 $T_e(k+1)$ 和定子磁链 $\psi_s(k+1)$；然后将预测的转矩和磁链代入代价函数，并对代价函数值进行排序，选择使代价函数值最小的基本电压矢量为下一时刻电机所需施加的最优电压矢量。

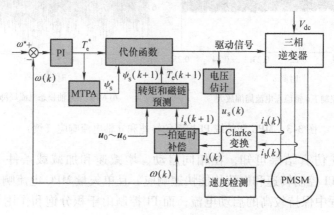

图 3-4　传统永磁同步电机 MPTC 的原理框图

与 MPCC 一样，在 MPTC 的实际应用中，由于数字控制系统实现控制算法需要进行采样、逻辑计算与算法实现等过程，使得 k 时刻选择的最优电压矢量到 $k+1$ 时刻才作用于电机，产生了一拍延时，对系统控制性能有较大影响，但又无法避免。当采样频率较低时，一拍延时问题对控制系统的影响更大，因此有必要对一拍延时补偿。

基于 PMSM 数学模型，将磁链方程式代入电压方程式中，并将所得方程离散化可得电流预测模型：

$$i_s(k+1) = i_s(k) + \frac{T_s}{L_s}\left[u_s(k) - Ri_s(k) - j\omega\psi_f e^{j\theta}\right] \tag{3-6}$$

式中，$i_s = \begin{pmatrix} i_\alpha \\ i_\beta \end{pmatrix}$，$u_s = \begin{pmatrix} u_\alpha \\ u_\beta \end{pmatrix}$。由式（3-6）可知，根据 k 时刻的采样电流 $i_s(k)$ 和 k 时刻的最优基本电压矢量 $u_s(k)$ 可预测出 $k+1$ 时刻的电流 $i_s(k+1)$，用此预测

电流 $i_s(k+1)$ 来替代采样电流 $i_s(k)$，实现了一拍延时补偿。然而，该预测方法精度相对较低，为了提高电流预测的准确度，这里采用具有预测——校正功能的改进欧拉公式，具体公式如下：

$$\begin{cases} i_p(k+1) = i_s(k) + \dfrac{T_s}{L_s}\big[u_s(k) - Ri_s(k) - j\omega\psi_f e^{j\theta}\big] \\ i_s(k+1) = i_p(k+1) - \dfrac{T_s R}{2L_s}\big[i_p(k+1) - i_s(k)\big] \end{cases} \tag{3-7}$$

式中，$i_p(k+1)$ 为预测值；$i_s(k+1)$ 为校正值。在式（3-7）表示的模型所预测的电流基础上，结合电机磁链方程及电磁转矩方程可进一步预测出下一控制周期的电磁转矩与磁链，具体预测方程如下所示：

$$\begin{cases} \psi_\alpha = L_d i_\alpha + \psi_f \cos\theta \\ \psi_\beta = L_q i_\beta + \psi_f \sin\theta \end{cases} \tag{3-8}$$

$$T_e = \frac{3}{2} p (\psi_\alpha i_\beta - \psi_\beta i_\alpha) \tag{3-9}$$

3.3.2　最优矢量遴选

以最小化磁链及电磁转矩跟踪误差为控制目标，构造如式（3-10）所示的目标函数。

$$g = \big| T_e^* - T_e^{k+1} \big| + A \big| \psi_s^* - \psi_s^{k+1} \big| \tag{3-10}$$

式中，A 为权重系数，一般按照转矩与磁链具有同等权重的原则进行设计，即可以设计为 $A = T_N / |\psi_{sN}|$，其中，T_N 代表额定转矩，ψ_{sN} 为额定状态下的定子磁链幅值。值得注意的是，按照上述设计方法得到的权重系数只能作为初始值，实际应用中需要根据仿真与实验结果进行反复调整，从而获得良好的控制效果。

目标函数中，转矩参考 ψ_s^* 由转速环 PI 调节器输出得到，磁链参考 ψ_s^* 由基于最大转矩电流比（MTPA）的式（3-11）计算得出。

$$\psi_s^* = \sqrt{\psi_f^2 + \left(L_q \frac{T_e^*}{\frac{3}{2} p \psi_f} \right)^2} \tag{3-11}$$

如图 3-5 所示，在两电平电压源逆变器中共有 8 个基本电压矢量，包括 6 个非零矢量（$u_1 \sim u_6$）与 2 个零矢量（u_0，u_7）。以此为基础，可通过如下步骤实现永磁同步电机 MPTC 算法：首先，将 8 个基本电压矢量依次代入式（3-7），预测各个电压矢量所对应的 $k+1$ 时刻定子电流 i_s^{k+1}；其次，将 i_s^{k+1} 代入式（3-8）与式（3-9）中计算电磁转矩和定子磁链预测值；最后，将预测的磁链与转矩代入式（3-10）表示的目标函数计算相应的函数值 g，并对各电压矢量对

应的 g 值进行排序，遴选使 g 值最小的电压矢量作为最优电压矢量，通过三相逆变器最终作用于电机。传统 MPTC 的控制流程图如图 3-6 所示。

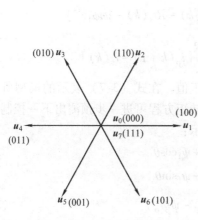

图 3-5　基本电压矢量

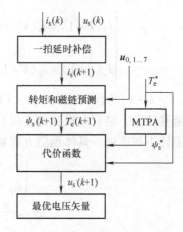

图 3-6　传统 MPTC 的控制流程图

3.3.3　仿真结果

利用 Matlab/Simulink 对传统 MPTC 进行了仿真，采样频率选择 20kHz。仿真参数如表 3-1 所示。传统 MPTC 控制中权重系数 A 取不同值时的仿真结果如图 3-7所示。根据一般权重设计方法，$A = T_N / |\psi_{SN}|$，计算可得 $A = 20.25$，控制效果如图 3-7 所示，电流波形和磁链波形脉动较大，控制效果较差，但是随着权重系数的增加，控制效果会越来越好，当权重系数 $A = 150$ 时，控制效果最好，值得注意的是当权重系数继续增加到 450 时控制效果反而会变差。这说明传统 MPTC 系统控制性能受权重系数影响较大，需要反复计算和实验来设计出最优权重系数，保证传统 MPTC 的控制效果。

表 3-1　仿真和实验参数

参数	数值
直流母线电压 U_{dc}/V	310
额定转速 $n_N/(r/min)$	2000
极对数 p	3
相电阻 R_s/Ω	3
dq 轴电感 L/mH	11
转子磁链 ψ_f/Wb	0.24
转动惯量 $J/kg \cdot m^2$	0.00129
额定转矩 $T_e/N \cdot m$	6

为了进一步测试 MPTC 方法的控制性能，给出了动态特性仿真结果，如图 3-8 所示。传统 MPTC 权重系数选择最优权重 $A=150$，仿真开始时，电机空载由静止突加到转速 2000r/min，由图 3-8 可知在加速阶段电磁转矩为最大限幅值 12N·m，当转速达到给定值时，电磁转矩恢复到 0N·m。仿真在 0.08s 时电机由空载突加额定负载，在 0.13s 时由额定负载突减至空载，由动态响应仿真波形可知，传统 MPTC 在最优权重系数下的动态控制效果较好。

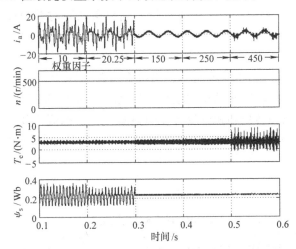

图 3-7 传统 MPTC 方法在不同权重系数下的仿真波形
（电机转速 500r/min 和 50% 额定负载）

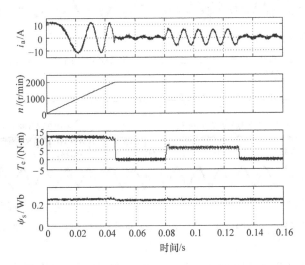

图 3-8 传统 MPTC 方法权重系数为 150 在空载启动和负载转矩突变时的仿真结果

3.3.4 实验结果

对 MPTC 方法进行了实验验证，实验采样频率为 15kHz。在传统 MPTC 方法中，权重系数的设计需要重复实验以达到控制效果的最优化，权重设计过程繁复。按照一般权重系数的设计方法，认为电磁转矩和定子磁链具有同等权重，所得权重系数为 $A = 20.25$，但是所计算出的权重系数对传统 MPTC 的控制效果较差，具体如图 3-9a 所示。为了具体分析不同权重系数对系统控制性能的影响，图 3-9 给出了电机转速为 200r/min 带额定负载并且权重系数取 4 个不同值情况下的实验对比结果。图 3-10 是对图 3-9 不同权重系数下传统 MPTC 相电流的 THD 分析。从图 3-9 和图 3-10 可知，当权重系数为 $A = 20.25$ 时，定子磁链和相电流脉动较大，电磁转矩脉动相对较小，相电流 THD = 53.97%。权重增加到 50 时，定子磁链、电磁转矩和相电流脉动明显减小，相电流 THD = 23.43%。权重继续增加到 150 时，相电流谐波含量继续减小，THD = 19.91%，相比于 $A =$

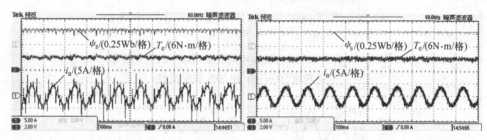

a) 权重系数为20.25时定子磁链、电磁转矩和相电流实验波形 b) 权重系数为50时定子磁链、电磁转矩和相电流实验波形

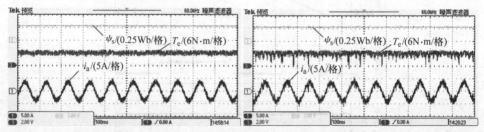

c) 权重系数为150时定子磁链、电磁转矩和相电流实验波形 d) 权重系数为350时定子磁链、电磁转矩和相电流实验波形

图 3-9　电机运行在转速 200r/min 带额定负载时传统 MPTC
方法在不同权重系数下的实验对比结果

20.25 时，THD 减小了 34.06%，减小幅度大。但权重继续增加到 350 时，电磁转矩和相电流脉动变大，定子磁链较为稳定，相电流 THD = 25.44%。通过传统 MPTC 在 4 种不同权重系数下的实验，充分说明权重系数对传统 MPTC 控制效果有较大影响。

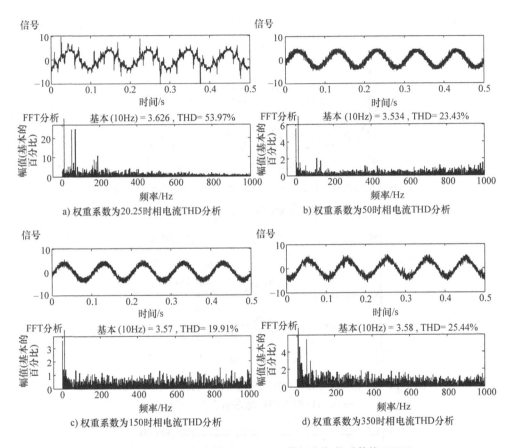

图 3-10　电机运行在转速 200r/min 带额定负载时传统 MPTC
方法在不同权重系数下相电流 THD 分析

另外，图 3-11 给出了电机运行在额定转速 2000r/min 带额定负载时 MPTC 方法实验结果，图 3-12 与图 3-13 给出了动态性能实验结果。

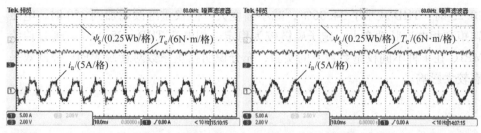

a) 传统MPTC方法权重系数为20.25时定子磁链、电磁转矩和相电流实验波形

b) 传统MPTC方法权重系数为150时定子磁链、电磁转矩和相电流实验波形

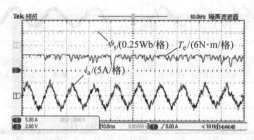

c) 传统MPTC方法权重系数为350时定子磁链、电磁转矩和相电流实验波形

图 3-11　电机运行在额定转速 2000r/min 带额定负载时 MPTC 方法实验结果

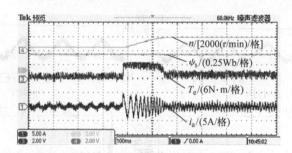

图 3-12　权重系数为 150 的电机空载运行在转速 500r/min 突增到
2000r/min 时 MPTC 动态响应实验结果

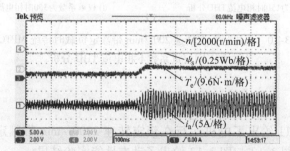

图 3-13　权重系数为 150 的电机运行在转速 2000r/min 空载突加到额定
负载时 MPTC 方法动态响应实验结果

3.4　本章小结

本章主要对传统 MPCC 方法和传统 MPTC 方法进行了介绍。传统 MPCC 方法通过预测模型对下一时刻电流进行预测，并利用预测电流误差构成的代价函数选择最优电压矢量作用于电机。仿真与实验结果证明 MPCC 方法具有良好的动静态性能。另外，介绍了 MPTC 方法的基本工作原理，并指出传统 MPTC 方法需对电磁转矩和定子磁链进行平衡控制，然而转矩与磁链具有不同的量纲，需要在代价函数中设计权重系数。值得注意的是一般权重设计方法并不能满足系统控制要求，需要进行反复仿真与实验才能确定相对最优权重系数。仿真与实验结果也证明了权重系数对于 MPTC 方法控制性能具有较大影响。

参 考 文 献

[1] LEE J S, CHOI C H, SEOK J K, et al. Deadbeat – direct torque and flux control of interior permanent magnet synchronous machines with discrete time stator current and stator flux linkage observer [J]. IEEE Transactions on Industry Applications, 2011, 47 (4): 1749 – 1758.

[2] CORTES P, RODRIGUEZ J, SILVA C, et al. Delay compensation in model predictive current control of a three – phase inverter [J]. IEEE Transaction on Industrial Electronics, 2012, 59 (2): 1323 – 1325.

[3] MORENO J, HUERTA J, GIL R, et al. A robust predictive current control for three – phase grid – connected inverters [J]. IEEE Transactions on Industrial Electronics, 2009, 56 (6): 1993 – 2004.

[4] ZHANG Y C, JIANGUO ZHU J G, XU W. Analysis of one step delay in direct torque control of permanent magnet synchronous motor and its remedies [C] // Electrical Machines and Systems (ICEMS), 2010 International Conference on. Incheon: IEEE, 2010: 792 – 797.

[5] TONG L, ZOU X D, FENG S S, et al. An SRF – PLL – based sensorless vector control using the predictive deadbeat algorithm for the direct – driven permanent magnet synchronous generator [J]. IEEE Transactions on Power Electronics, 2014, 29 (6): 2837 – 2849.

[6] WIPASURAMONTON P, ZHU Z Q, HOWE D. Predictive current control with current – error correction for PM brushless AC drives [J]. IEEE Transactions on Industry Applications, 2006, 42 (2): 1071 – 1079.

[7] NIU L, YANG M, XU D. An adaptive robust predictive current control for PMSM with online inductance identification [J]. International Review of Electrical Engineering, 2012, 7 (2): 3845 – 3856.

[8] LE – HUY H, SLIMANI K, VIAROUGE P. Analysis and implementation of a real – time predictive current controller for permanent – magnet synchronous servo drives [J]. IEEE Transactions on Industrial Electronics, 1994, 41 (1): 110 – 117.

［9］ CHEN W H, BALANCE D J, GAWTHROP P J, et al. Nonlinear PID predictive controller ［J］. IEE Proceedings – Control Theory and Applications, 1999, 146 (6): 603 – 611.

［10］ YANG J, ZHENG W X, LI S H, et al. Design of a prediction – accuracy – enhanced continuous – time MPC for disturbed systems via a disturbance observer ［J］. IEEE Transactions on Industrial Electronics, 2015, 62 (9): 5807 – 5816.

［11］ YANG J, LI S H, YU X H. Sliding – mode control for systems with mismatched uncertainties via a disturbance observer ［J］. IEEE Transactions on Industrial Electronics, 2013, 60 (1): 160 – 169.

［12］ LIU H X, SHIHUA LI S H. Speed control for PMSM servo system using predictive functional control and extended state observer ［J］. IEEE Transactions on Industrial Electronics, 2012, 59 (2): 1171 – 1183.

［13］ GEYER T. Computationally efficient model predictive direct torque control ［J］. IEEE Transactions on Power Electronics, 2011, 26 (10): 2804 – 2816.

［14］ GEYER T, DANIEL E. Quevedo. Multistep finite control set model predictive control for power electronics ［J］. IEEE Transactions on Power Electronics, 2014, 29 (12): 6836 – 6846.

［15］ GEYER T, QUEVEDO D E. Performance of multistep finite control set model predictive control for power electronics ［J］. IEEE Transaction on Power Electronics, 2015, 30 (3): 1633 – 1644.

［16］ LINDER A, KENNEL R. Model predictive control for electrical drives ［C］// IEEE 36th Power Electronics Specialists Conference. Aachen: IEEE, 2005: 1793 – 1799.

［17］ STOLZE P, TOMLINSON M, KENNEL R, et al. Heuristic finite – set model predictive current control for induction machines ［C］// IEEE ECCE Asia Downunder, Melbourne: 2013: 1221 – 1226.

［18］ 牛里, 杨明, 刘可述, 等. 永磁同步电机电流预测控制算法 ［J］. 中国电机工程学报, 2012, 32 (6): 131 – 137.

［19］ 牛里, 杨明, 王庚, 等. 基于无差拍控制的永磁同步电机鲁棒电流控制算法研究 ［J］. 中国电机工程学报, 2013, 33 (15): 78 – 85.

［20］ 王庚, 杨明, 牛里, 等. 永磁同步电机电流预测控制电流静差消除算法 ［J］. 中国电机工程学报, 2015, 35 (10): 2544 – 2551.

［21］ 牛峰, 李奎, 王尧. 永磁同步电机模型预测直接转矩控制 ［J］. 电机与控制学报, 2015, 19 (12): 60 – 74.

［22］ 滕青芳, 柏建勇, 朱建国, 等. 基于滑模模型参考自适应观测器的无速度传感器三相永磁同步电机模型预测转矩控制 ［J］. 控制理论与应用, 2015, 32 (2): 150 – 161.

［23］ ZHANG Y C, YANG H T, XIA B. Model predictive torque control of induction motor drives with reduced torque ripple ［J］. IET Electric Power Applications, 2015, 9 (9): 595 – 604.

［24］ RODRIGUEZ J, CORTES P. Predictive control of power converters and electrical drives ［M］. New York: Wiley – IEEE Press, 2012.

［25］ VARGAS R, RODRIGUEZ J, AMMANN U, et al. Predictive current control of an induction machine fed by a matrix converter with reactive power control [J]. IEEE Transactions on Industrial Electronics, 2008, 55 (12): 4362 – 4371.

[26] VILLARROEL F, ESPINOZA J, ROJAS C, et al. Multiobjective switching state selector for finite – states model predictive control based on fuzzy decision making in a matrix converter [J]. IEEE Transactions on Industrial Electronics, 2013, 60 (2): 589 – 599.

[27] DAVARI S A, KHABURI D A, KENNEL R. An improved FCS – MPC algorithm for an induction motor with an imposed optimized weighting factor [J]. IEEE Transactions on Power Electronics, 2012, 27 (3): 1540 – 1551.

[28] ROJAS C, RODRIGUEZ J, VILLARROEL F, et al. Predictive torque and flux control without weighting factors [J]. IEEE Transactions on Industrial Electronics, 2013, 60 (2): 681 – 690.

[29] ZHANG Y C, YANG H T. Model – predictive flux control of induction motor drives with switching instant optimization [J]. IEEE Transactions on Energy Conversion, 2015, 30 (3): 1113 – 1122.

[30] ZHANG Y C, YANG H T. Torque ripple reduction of model predictive torque control of induction motor drives [C]. IEEE Energy Conversion Congress and Exposition, 2013, 1176 – 1183.

[31] ZHANG Y C, YANG H T. Generalized two – vector – based model – predictive torque control of induction motor drives [J]. IEEE Transactions on Power Electronics, 2015, 30 (7): 3818 – 3829.

第 4 章
鲁棒模型预测控制

4.1　鲁棒模型预测控制策略简述

　　MPC 是一种典型的基于模型的方法，因此，该方法不可避免地存在模型参数依赖问题，或者说 MPC 面临参数鲁棒性问题[1]。MPC 方法依赖于建立的数学模型选择最优电压矢量，而数学模型中存在的电机参数（电阻、电感、磁链）均需要与实际参数准确相同，以便保持良好的动态性能以及稳态性能。当模型中的参数与实际参数不匹配时，利用代价函数选择的电压矢量并非真正的最优电压矢量，这将进一步导致整个控制系统控制性能的下降。而模型参数与实际参数很容易由于测量准确度问题出现误差。此外，受温度以及其他非线性因素的影响[2]，在电机运行过程中电机参数通常会发生变化，也会导致预测模型中电机参数与实际参数不符，影响系统性能。因此，提升 MPC 的参数鲁棒性尤为关键。

　　为了提升 MPC 的参数鲁棒性，即降低 MPC 的参数敏感性，国内外学者提出了不同的解决方案。相关方法可分为以下两种类型：第一种为观测或者估计出系统由于参数失配所产生的扰动，将扰动实时补偿到模型中以抑制参数失配所带来的影响，扰动观测可使用自适应观测[3]、龙伯格观测器[4]、扩散卡尔曼滤波[5]和滑模观测器等[6]。参考文献［7］通过建立龙伯格和扩展状态观测器（ESO）观测出系统扰动，改善了无差拍 MPCC 的鲁棒性能。参考文献［8］基于无差拍预测电流控制提出了一种基于新型滑模趋近率的扰动观测器。该观测器可同时估计电流与参数失配所带来的扰动，观测器不仅消除了参数扰动同时还取代了传统的一拍延时补偿，提升了系统的稳态性能。除此以外，参考文献［9］提出了一种基于二次李雅普诺夫函数设计的状态观测器和扰动观测器，该方法使用转子坐标系中的 PMSM 模型，设计了一个基于李雅普诺夫理论工具的显式单步超前预测控制律，保证估计误差的渐近稳定性。参考文献［10］设计了一种基于外部干扰抑制技术的 MPC 方法。该方法引入了二阶扩展卡尔曼滤波器估计系统负载扰动，与传统方法相比具有更快的响应速度，并且提升了电机机械参数的鲁棒性。这些方法都是将参数扰动补偿到系统中以提升系统的参数鲁棒性。

　　第二种方法为对电机参数的直接辨识，即通过最小二乘法[11]、随机逼近法等方法辨识出电机参数，补偿到模型预测中从而提升参数鲁棒性。参考文献［12］设计了一种鲁棒预测控制器，该方法利用扩展状态观测器在线估计定子电感，以提高电感的鲁棒性，从而补偿定子电感失配引起的电流振荡。参考文献[13] 提出一种自适应 MPCC 算法，该算法基于递归方式的在线实时自适应观测器对电感参数进行了准确的辨识，并将观测器与 MPCC 相结合，从而减少了辨识过程的计算量。参考文献 [14] 则提出了一种基于模型参数自适应辨识的预测电流控制应用于永磁同步电机，该方法可通过自适应理论辨识出电机电感与磁链，从而提升参数不匹配情况下电机的控制性能。

本章将针对 MPC 中的参数鲁棒性问题提出几种解决方案[8,15,16]，下面将对各个方法进行具体阐述。

4.2　模型参数失配对模型预测控制的影响

由第 3 章 MPCC 原理可知，MPCC 的预测模型中包含三个电机参数（电阻 R、电感 L、磁链 ψ_f），因此，模型的不准确或者模型参数误差会导致预测电流不准确。而 MPCC 中的代价函数是基于预测电流构建的，当预测电流出现误差时必然会进一步导致基于代价函数所选择的电压矢量不准确，从而恶化系统的控制性能。上述分析表明 MPCC 对参数较为敏感，预测模型的准确度将直接影响整个系统的控制性能。为了评估参数失配情况下 MPCC 的参数敏感性，本节将从下文开始进行理论推导与分析。

根据式（3-2）表示的电流预测模型，若考虑模型中存在的参数扰动，则电流预测模型可表示为

$$
\begin{cases}
i_d(k+1) = \left(1 - \dfrac{T(R+\Delta R)}{(L+\Delta L)}\right) i_d(k) + T\omega_e i_q(k) + \dfrac{T}{(L+\Delta L)} u_d(k) \\
i_q(k+1) = \left(1 - \dfrac{T(R+\Delta R)}{(L+\Delta L)}\right) i_q(k) - T\omega_e i_d(k) + \dfrac{T}{(L+\Delta L)} u_q(k) - \dfrac{T\omega_e(\psi_f + \Delta\psi_f)}{(L+\Delta L)}
\end{cases}
$$

$$(4-1)$$

式中，ΔR 为实际电阻与模型电阻的偏差；ΔL 为实际电感与模型电感的偏差；$\Delta\psi_f$ 为实际磁链与模型磁链的偏差。将式（4-1）减去式（3-2）可计算出系统存在参数误差时，预测电流出现的误差：

$$
\begin{cases}
E_d = i_d'(k+1) - i_d(k+1) = \dfrac{TR\Delta L - T\Delta RL}{L(L+\Delta L)} i_d(k) - \dfrac{T\Delta L}{L(L+\Delta L)} u_d(k) \\
E_q = i_q'(k+1) - i_q(k+1) = \dfrac{TR\Delta L - T\Delta RL}{L(L+\Delta L)} i_q(k) - \dfrac{T\Delta L}{L(L+\Delta L)} u_q(k) + \\
\quad \dfrac{T\omega_e\psi_f\Delta L - T\omega_e\Delta\psi_f L}{L(L+\Delta L)}
\end{cases} \quad (4-2)
$$

式中，E_d 和 E_q 分别代表 MPCC 中 d 轴与 q 轴预测电流出现的误差。式（4-2）表明，三个电机参数（电阻 R、电感 L、磁链 ψ_f）中某一个参数的不匹配都会导致

预测电流出现误差。图 4-1 显示了不同程度的参数误差（ΔR、ΔL、$\Delta\psi_{\mathrm{f}}$）与其所导致的电流预测误差（E_{d}、E_{q}）之间的关系。

从图 4-1a 和 b 中分析可知，电阻误差 ΔR 对于预测电流误差 E_{d} 和 E_{q} 影响较小；而电感误差 ΔL 对于预测电流误差 E_{d} 和 E_{q} 影响最大，无论是 d 轴还是 q 轴，预测电流都会产生较大误差，并且电感与 d 轴的误差 E_{d} 或者 q 轴的误差 E_{q} 关系为非线性关系。这也意味着在电感参数失配时，单纯通过固定值补偿预测电流的误差将十分困难。

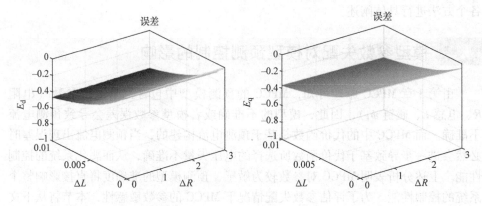

a) d轴预测电流误差 E_{d} 与参数误差的关系   b) q轴预测电流误差 E_{q} 与参数误差的关系

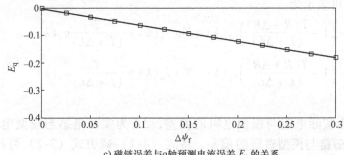

c) 磁链误差与q轴预测电流误差 E_{q} 的关系

图 4-1　MPCC 未引入一拍延时前的预测电流误差

另一方面，磁链参数只出现在 q 轴电流预测模型中，因此只会影响 q 轴电流的预测。从图 4-1c 中可以看出，磁链参数误差 $\Delta\psi_{\mathrm{f}}$ 与其所导致的电流误差 E_{q} 成正比关系，这也就意味着磁链参数误差会造成 q 轴电流给定值 i_{q}^{*} 与反馈值 i_{q} 的固定偏移。综上，三个电机参数对控制效果的影响从高到低可排列为 $L > \psi_{\mathrm{f}} > R$，电感失配对于系统的影响最大，其次为磁链，最后是电阻参数。

此外，通常情况下基于式（3-4）的一拍延时补偿电流应该被用来取代预测模型中的检测电流，从而实现延时补偿。然而，当电机参数存在参数不匹配时，一拍延时补偿电流式（3-4）可以由准确的电流与预测电流误差之和来表示，具体表达式如下：

$$\begin{cases} i_d^p(k+1) = i_d(k+1) + E_d \\ i_q^p(k+1) = i_q(k+1) + E_q \end{cases} \tag{4-3}$$

由式（4-3）可以看出，在存在参数误差时，一拍延时补偿电流 $i_d^p(k+1)$ 和 $i_q^p(k+1)$ 也是不准确的。因此，存在参数误差的条件下，经过一拍延时补偿的电流预测模型可以被表示为

$$\begin{cases} i_d'(k+2) = \left[1 - \dfrac{T(R+\Delta R)}{(L+\Delta L)}\right][i_d(k+1) + E_d] + T\omega_e[i_q(k+1) + E_q] + \\ \qquad\qquad \dfrac{T}{(L+\Delta L)}u_d(k+1) \\ i_q'(k+2) = \left[1 - \dfrac{T(R+\Delta R)}{(L+\Delta L)}\right][i_q(k+1) + E_q] - T\omega_e[i_d(k+1) + E_d] + \\ \qquad\qquad \dfrac{T}{(L+\Delta L)}u_q(k+1) - \dfrac{T\omega_e(\psi_f + \Delta\psi_f)}{(L+\Delta L)} \end{cases} \tag{4-4}$$

相似地，存在参数误差的条件下，利用一拍延时补偿后的预测模型进行电流预测同样会导致电流预测误差［实际模型与式（4-4）表示的模型之间的差］，具体表达式如下：

$$\begin{cases} E_d^{comp} = \left[1 - \dfrac{T(R+\Delta R)}{(L+\Delta L)}\right]E_d + \dfrac{TR\Delta L - T\Delta RL}{L(L+\Delta L)}i_d(k+1) + T\omega_e E_q - \\ \qquad\qquad \dfrac{T\Delta L}{L(L+\Delta L)}u_d(k+1) \\ E_q^{comp} = \left[1 - \dfrac{T(R+\Delta R)}{(L+\Delta L)}\right]E_q + \dfrac{TR\Delta L - T\Delta RL}{L(L+\Delta L)}i_q(k+1) - T\omega_e E_d - \\ \qquad\qquad \dfrac{T\Delta L}{L(L+\Delta L)}u_q(k+1) + \dfrac{T\omega_e\psi_f\Delta L - T\omega_e\Delta\psi_f L}{L(L+\Delta L)} \end{cases} \tag{4-5}$$

式中，E_d^{comp} 和 E_q^{comp} 分别为引入一拍延时后 d 轴与 q 轴预测电流出现的误差。式（4-5）表明，预测误差经过一拍延时补偿后被进一步扩大，这意味着 MPCC 的一拍延时补偿进一步恶化了系统的控制性能。图 4-2 展示了引入一拍延时补偿后，参数误差与其导致的电流预测误差之间的关系。从图 4-2 可以看出，与理论分析一致，引入一拍延时补偿后，电感失配后产生的预测电流误差 E_d 由于一拍延时补偿的存在被进一步扩大。同样，磁链失配后产生的预测电流的误差 E_q 由于一拍延时补偿的存在也被扩大，而电阻的影响仍然较小。

对比图 4-2 和图 4-1 并结合上述参数敏感性分析可知，存在一拍延时补偿时

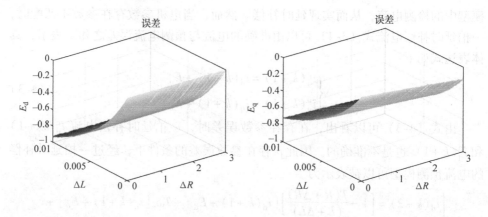

a) d轴预测电流误差 E_d 与参数误差的关系   b) q轴预测电流误差 E_q 与参数误差的关系

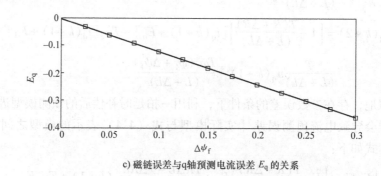

c) 磁链误差与q轴预测电流误差 E_q 的关系

图 4-2   MPCC 引入一拍延时后的预测电流误差

参数不匹配引起的预测误差大于无一拍延时补偿时的误差。因此，为了避免由于模型参数不匹配所导致的 MPC 控制性能恶化，有必要提出强参数鲁棒性控制方法。

4.3 基于参数扰动估计的鲁棒模型预测控制

4.3.1 滑模扰动观测器设计

为了提高 MPC 系统的参数鲁棒性，可通过构建滑模观测器（Sliding Mode Observer，SMO）来估计系统所受到的总的参数扰动，并对预测模型进行实时补偿。根据滑模控制理论，滑模观测器设计过程可以分为两步：第一步为滑模平面的设计；第二步为滑模控制函数的设计。滑模控制函数的作用是使系统状态收敛到滑模平面。

在永磁同步电机电压方程式（3-1）中的参数完全准确的情况下，MPCC 可实现理想的控制性能。而当模型参数存在不匹配时，假设参数所带来的扰动是有界的，PMSM 的 d 轴电压方程可以被表示为

$$\begin{cases} u_d = L\dfrac{di_d}{dt} + Ri_d - \omega_e Li_q + f_d \\[2mm] \dfrac{df_d}{dt} = F_d \\[2mm] f_d = \Delta L\dfrac{di_d}{dt} + \Delta Ri_d - \Delta L\omega_e i_q \end{cases} \tag{4-6}$$

式中，f_d 代表 d 轴参数所引起的扰动；而 F_d 为参数 f_d 的变化率。同理，q 轴电压方程可以被表示为

$$\begin{cases} u_q = L\dfrac{di_q}{dt} + Ri_q + \omega_e Li_d + f_q - \psi_f \omega_e \\[2mm] \dfrac{df_q}{dt} = F_q \\[2mm] f_q = \Delta L\dfrac{di_q}{dt} + \Delta Ri_q + \Delta L\omega_e i_d - \Delta \psi_f \omega_e \end{cases} \tag{4-7}$$

式中，f_q 代表 q 轴参数所引起的扰动；而 F_q 为参数 f_q 的变化率。

基于式（4-6）和式（4-7），设计滑模扰动观测器如下：

$$\begin{cases} u_d = L\dfrac{d\hat{i}_d}{dt} + R\hat{i}_d - \omega_e Li_q + \hat{f}_d + I_{dsmo} \\[2mm] \dfrac{d\hat{f}_d}{dt} = G_d I_{dsmo} \\[2mm] u_q = L\dfrac{d\hat{i}_q}{dt} + R\hat{i}_q + \omega_e Li_d + \hat{f}_q - \psi_f \omega_e + I_{qsmo} \\[2mm] \dfrac{d\hat{f}_q}{dt} = G_q I_{qsmo} \end{cases} \tag{4-8}$$

式中，$\hat{i}_d$ 和 $\hat{i}_q$ 分别代表 d 轴和 q 轴电流的估计值；$\hat{f}_d$ 和 $\hat{f}_q$ 分别代表 d 轴和 q 轴扰动的估计值；系数 G_d 和 G_q 代表所设计的滑模控制增益；I_{dsmo} 和 I_{qsmo} 代表滑模控制函数，其设计方式将在下文阐述。

定义电流误差和扰动误差如下所示：

$$\begin{cases} e_d = \hat{i}_d - i_d \quad e_{fd} = \hat{f}_d - f_d \\[2mm] e_q = \hat{i}_q - i_q \quad e_{fq} = \hat{f}_q - f_q \end{cases} \tag{4-9}$$

式中，e_d 和 e_q 为 d、q 轴估计电流与反馈电流的误差；e_{fd} 和 e_{fq} 为 d、q 轴估计扰动与实际扰动之间的误差。

将式（4-8）减去式（4-7）和式（4-6），可得误差方程如下所示：

$$\begin{cases} \dfrac{de_d}{dt} = -\dfrac{R}{L}e_d - \dfrac{1}{L}e_{fd} - \dfrac{1}{L}I_{dsmo} \\[2mm] \dfrac{de_{fd}}{dt} = G_d I_{dsmo} - F_d \\[2mm] \dfrac{de_q}{dt} = -\dfrac{R}{L}R_q - \dfrac{1}{L}e_{fq} - \dfrac{1}{L}I_{qsmo} \\[2mm] \dfrac{de_{fq}}{dt} = G_q I_{qsmo} - F_q \end{cases} \tag{4-10}$$

为确保误差 e_d、e_{fd}、e_q、e_{fq} 的快速收敛，滑模控制函数 I_{dsmo} 和 I_{qsmo} 需合理设计。根据前文阐述的滑模变结构理论，首先选择 e_d 与 e_q 作为滑模面（即 $s_d = e_d$，$s_q = e_q$）；另一方面，传统滑模控制理论以系统状态收敛到滑模平面为重点，而没有关注系统状态以何种方式或路线收敛到滑模平面。为了提高 SMO 的准确性，本书采用趋近律的方式设计滑模控制函数，选用等速趋近律，具体表达式如下：

$$\frac{ds}{dt} = -k\,\mathrm{sign}(s) \tag{4-11}$$

式（4-11）中趋近律参数 k 为正值。将式（4-11）代入式（4-10），可得

$$\begin{cases} -k\,\mathrm{sign}(e_d) = -\dfrac{R}{L}e_d - \dfrac{1}{L}e_{fd} - \dfrac{1}{L}I_{dsmo} \\[2mm] -k\,\mathrm{sign}(e_q) = -\dfrac{R}{L}e_q - \dfrac{1}{L}e_{fq} - \dfrac{1}{L}I_{dsmo} \end{cases} \tag{4-12}$$

考虑 e_{fd} 和 e_{fq} 作为扰动，求解式（4-12），可得滑模控制函数为

$$\begin{cases} I_{dsmo} = (-R)e_d + kL\,\mathrm{sign}(e_d) \\[2mm] I_{qsmo} = (-R)e_q + kL\,\mathrm{sign}(e_q) \end{cases} \tag{4-13}$$

需要注意的是，所设计的式（4-13）表示的滑模控制函数必须满足滑模稳定性条件（$s\dot{s} \leqslant 0$），这就意味着式（4-14）必须被满足。

$$\begin{cases} e_d \dfrac{de_d}{dt} = e_d\left(-\dfrac{R}{L}e_d - \dfrac{1}{L}e_{fd} - \dfrac{1}{L}I_{dsmo}\right) \leqslant 0 \\[2mm] e_q \dfrac{de_q}{dt} = e_q\left(-\dfrac{R}{L}e_q - \dfrac{1}{L}e_{fq} - \dfrac{1}{L}I_{qsmo}\right) \leqslant 0 \end{cases} \tag{4-14}$$

将式（4-13）代入到式（4-14）中，解得结果为

$$k > \max\left(\frac{|e_{fd}|}{L}, \frac{|e_{fq}|}{L}\right) \tag{4-15}$$

因此趋近律参数 k 应该基于式（4-15）进行选择，从而确保设计的滑模观

测器稳定。此时，在滑模控制函数的作用下，系统可进入滑模状态，即 $s = \dot{s} = 0$；因此，e_d 和 e_q 以及其导数可收敛到 0，具体可表示为

$$\begin{cases} e_d = \dfrac{de_d}{dt} = 0 \\[2mm] e_q = \dfrac{de_q}{dt} = 0 \end{cases} \tag{4-16}$$

因此，误差方程式（4-10）可简化为

$$\begin{cases} \dfrac{de_{fd}}{dt} + G_d e_{fd} + F_d = 0 \\[2mm] \dfrac{de_{fd}}{dt} + G_d e_{fd} + F_q = 0 \end{cases} \tag{4-17}$$

解式（4-17）可得

$$\begin{cases} e_{fd} = e^{-G_d t} \left[C + \int F_d e^{G_d t} dt \right] \\[2mm] e_{fq} = e^{-G_q t} \left[C + \int F_q e^{G_q t} dt \right] \end{cases} \tag{4-18}$$

式中，C 为常数。由式（4-18）可明显看出为确保 e_{fd} 和 e_{fq} 收敛，参数 G_d 和 G_q 必须为正。根据 k、G_d、G_q 的取值范围，可保证 SMO 的稳定性。对式（4-4）离散化，最终可得 SMO 如式（4-19）所示，滑模观测器原理框图如图 4-4 所示。

$$\begin{cases} \hat{i}_d(k+1) = \left(1 - \dfrac{TR}{L}\right)\hat{i}_d(k) + T\omega_e i_q(k) + \dfrac{T}{L}u_d(k) - \dfrac{T}{L}\hat{f}_d(k) - \dfrac{T}{L}I_{dsmo} \\[2mm] \hat{f}_d(k+1) = \hat{f}_d(k) + TG_d I_{dsmo} \\[2mm] \hat{i}_q(k+1) = \left(1 - \dfrac{TR}{L}\right)\hat{i}_q(k) - T\omega_e i_d(k) + \dfrac{T}{L}u_q(k) - \dfrac{T\psi_f \omega_e}{L} - \dfrac{T}{L}\hat{f}_q(k) - \dfrac{T}{L}I_{qsmo} \\[2mm] \hat{f}_q(k+1) = \hat{f}_q(k) + TG_q I_{dsmo} \end{cases} \tag{4-19}$$

4.3.2　基于滑模观测器的模型预测电流控制系统

滑模观测器构建完成后，参数不匹配引起的系统扰动便可以被观测到 [如图 4-3 中的 $\hat{f}_d(k+1)$ 和 $\hat{f}_q(k+1)$]；同时滑模观测器还能够对下一时刻电流进行准确预测 [如图 4-3 中的 $\hat{i}_d(k+1)$ 和 $\hat{i}_q(k+1)$]。基于此，将滑模观测器观测得到的扰动值和下一时刻电流值代入预测模型中进行参数与电流一拍延时补偿，可获得更新后的鲁棒预测模型如下：

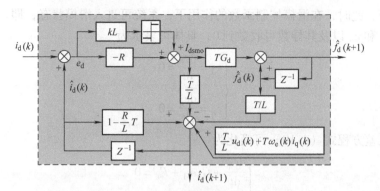

a) d轴扰动观测器原理框图

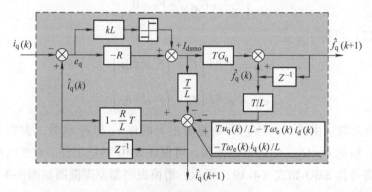

b) q轴扰动观测器原理框图

图 4-3 滑模观测器原理框图

$$
\begin{cases}
i_d(k+2) = \left(1 - \dfrac{TR}{L}\right)\hat{i}_d(k+1) + T\omega_e i_q(k+1) + \dfrac{T}{L}u_d(k+1) - \dfrac{T}{L}\hat{f}_d(k) \\[3mm]
i_q(k+2) = \left(1 - \dfrac{TR}{L}\right)\hat{i}_q(k+1) - T\omega_e i_d(k+1) + \dfrac{T}{L}u_q(k+1) - \dfrac{T}{L}\hat{f}_q(k) - \dfrac{T\omega_e\psi_f}{L}
\end{cases}
$$

$$(4\text{-}20)$$

式中，$\hat{i}_d(k+1)$ 和 $\hat{i}_q(k+1)$ 分别代表滑模观测器估计得到的 d 轴电流和 q 轴电流；$\hat{f}_d(k)$ 和 $\hat{f}_q(k)$ 则代表 d、q 轴的扰动预测值；I_{dsmo} 和 I_{qsmo} 为采用了等速趋近律的滑模控制函数。

  当电机运行过程中系统预测模型存在参数扰动或偏差时，滑模观测器可实时观测出参数扰动并补偿到预测模型中。同时观测器估计电流时已经考虑了参数引起的扰动，因此滑模观测器输出的 $\hat{i}_d(k+1)$ 和 $\hat{i}_q(k+1)$ 可直接取代 MPCC 传统的一拍延时补偿，从而避免了错误的延时补偿影响系统性能。基于滑模观测器的模型预测电流控制系统（SMO + MPCC）控制原理框图如图 4-4 所示。

所提出的 SMO + MPCC 方法具体实施步骤可简单概括如下：

1）通过电流采样得到 $i_d(k)$ 和 $i_q(k)$，通过编码器测量得到角速度；

2）通过角速度 $\omega(k)$ 计算得到电角速度 $\omega_e(k)$，与采样电流 $i_d(k)$ 和 $i_q(k)$ 一起代入滑模观测器中，计算得到参数扰动导致的 $\hat{f}_d(k)$ 和 $\hat{f}_q(k)$，同时滑模观测器也估计得到 $\hat{i}_d(k+1)$ 和 $\hat{i}_q(k+1)$，等同于进行了一拍延时补偿；

3）将扰动值 $\hat{f}_d(k)$ 和 $\hat{f}_q(k)$ 以及补偿后的电流 $\hat{i}_d(k+1)$ 和 $\hat{i}_q(k+1)$ 代入预测模型中，再将 8 个电压矢量依次代入其中，计算预测电流 $i_d(k+2)$ 和 $i_q(k+2)$；

4）将预测电流 $i_d(k+2)$ 和 $i_q(k+2)$ 代入代价函数中，令代价函数最小的电流即为最优预测电流，所对应的电压矢量即为最优电压矢量，将最优电压矢量转换为开关信号作用于两电平逆变器驱动 PMSM 运行。

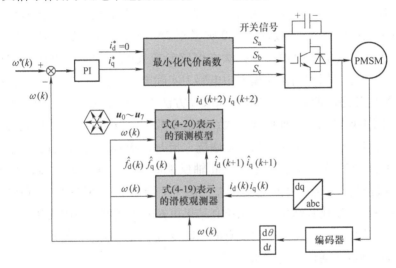

图 4-4　基于滑模观测器的模型预测电流控制系统（SMO + MPCC）控制原理框图

4.3.3　仿真和实验结果

为了验证所提 SMO + MPCC 方法的有效性，建立了基于 MATLAB/Simulink 的仿真模型。并基于芯片 TMS320F28335 构建了实验平台。实验平台采样频率为 15kHz，PMSM 参数如表 4-1 所示。

表 4-1　使用 SMO + MPCC 方法的 PMSM 参数

电机参数	对应描述	数值
U_{dc}/V	直流母线电压	310
$n_N(r/min)$	额定转速	2000
p	极对数	2

(续)

电机参数	对应描述	数值
R/Ω	定子电阻	3.18
L/mH	定子电感	8.5
ψ_f/Wb	转子磁链	0.3
$J/\text{kg} \cdot \text{m}^2$	转动惯量	0.00046
$T_e/\text{N} \cdot \text{m}$	额定转矩	5

1. 仿真结果

仿真结果如图 4-5 ~ 图 4-8 所示，其中滑模观测器参数分别设定为 $k = 1000$、$G_d = G_q = 300$。为了说明提出的方法的优势，仿真中将 MPCC 方法与 SMO + MPCC 方法进行了对比分析。在仿真过程中，在电机空载起动后转速从 0 升至 1000r/min，在 0.03s 时负载转矩从 0 突增至 2N·m，在 0.07s 时转矩从 2N·m 降至 0。图 4-5 展示了两种控制方法在电感参数失配条件下的电流相应比较结果。从仿真结果可以看出预测模型中电感为实际电感 2 倍时，MPCC 方法控制器下 d、q 轴电流振荡明显，而 SMO + MPCC 方法在出现电感参数失配时电流无明显变化。图 4-6 展示了两种控制方法在磁链参数失配条件下的电流比较结果。对比仿真图可知，当模型中磁链为实际磁链 2 倍时，MPCC 方法控制下 q 轴电流的给定值和反馈值之间存在静态误差，q 轴反馈电流将大于给定电流；而 SMO + MPCC 方法控制下不存在电流静态误差。图 4-7 给出了两种控制方法在电阻参数失配条件下的电流比较结果。对比仿真结果可知，当模型中电阻为实际电阻 2 倍时，两种方法控制下电流波形均没有明显畸变或者静态误差。另外，参数突变条件下滑模观测器扰动估计结果如图 4-8 所示。

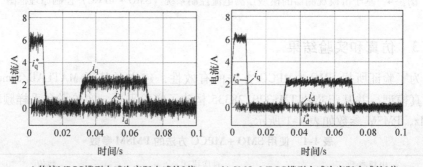

a) 传统MPCC模型电感为实际电感的2倍   b) SMO+MPCC模型电感为实际电感的2倍

图 4-5 在不同电感参数情况下电机的 d 轴与 q 轴电流仿真波形图

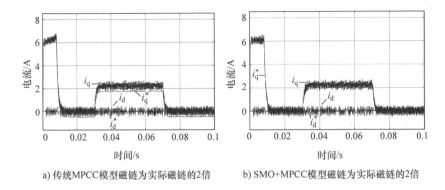

a) 传统MPCC模型磁链为实际磁链的2倍   b) SMO+MPCC模型磁链为实际磁链的2倍

图 4-6　在不同磁链参数情况下电机的 d 轴与 q 轴电流仿真波形图

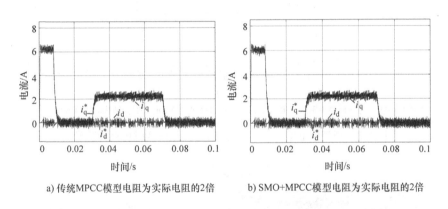

a) 传统MPCC模型电阻为实际电阻的2倍   b) SMO+MPCC模型电阻为实际电阻的2倍

图 4-7　在不同电阻参数情况下电机的 d 轴与 q 轴电流仿真波形图

综上，从上述仿真结果可知模型参数与实际参数不符时，MPCC 方法下系统控制性能明显变差；而在提出的 SMO + MPCC 方法控制下，系统性能无明显变化，相对于 MPCC 方法而言优势明显。

2. 实验结果

实验结果如图 4-9 ~ 图 4-14 所示，试验中滑模观测器参数设定为 $k = 1000$，$G_d = G_q = 300$。图 4-9 给出了两种方法在参数失配时产生的电流预测误差对比，由图 4-9 可知，当电感、磁链与电阻参数同时存在参数误差时（电感存在 2 倍误差、电阻存在 2 倍误差，磁链存在 0.5 倍误差），在 MPCC 方法控制下 d 轴与 q 轴的预测电流误差高达 0.91A 与 0.85A；而在 SMO + MPCC 方法控制下，d 轴与 q 轴的预测电流误差降低到 0.25A 和 0.36A。

图 4-10 为无参数失配时 MPCC 从空载突增到 2N·m 时的控制表现。图 4-11

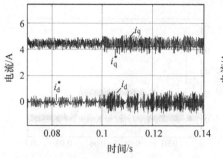
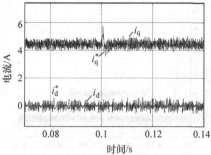

a) 传统MPCC方法模型中磁链、电感和电阻均于　　　　b) SMO+MPCC方法模型中磁链、电感和电阻均于
0.1s突变为2倍时d轴与q轴电流仿真波形　　　　　　　0.1s突变为2倍时d轴与q轴电流仿真波形

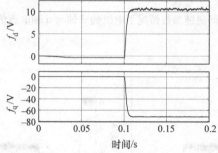

c) SMO+MPCC方法模型中磁链、电感和电阻均于0.1s突变为2倍时d轴与q轴扰动仿真波形

图4-8　模型中电感、电阻和磁链参数发生突变时仿真波形图

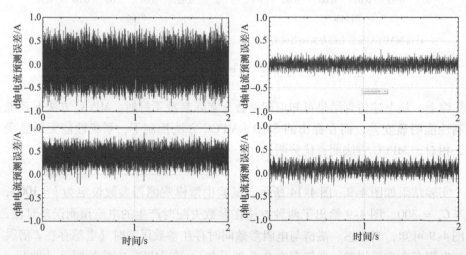

a) 传统MPCC方法模型中电感为实际电感2倍，磁链　　　b) SMO+MPCC方法模型中电感为实际电感2倍，磁链
为实际磁链0.5倍，电阻为实际电阻2倍时d轴与q轴　　　为实际磁链0.5倍，电阻为实际电阻2倍时d轴与q轴电
电流误差　　　　　　　　　　　　　　　　　　　　流误差

图4-9　两种方法的预测电流误差

对比了两种方法在电感参数出现误差时的实验结果。很明显由于电感参数误差的存在导致 MPCC 方法出现了明显的电流纹波，相对比而言 SMO + MPCC 方法则能够有效抑制电感参数误差导致的电流纹波。

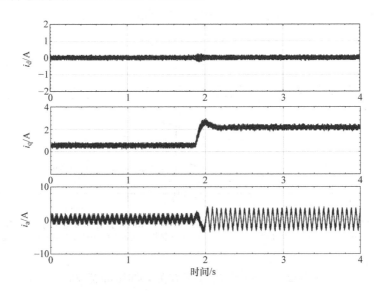

图 4-10　无参数误差时传统 MPCC 方法的电流波形

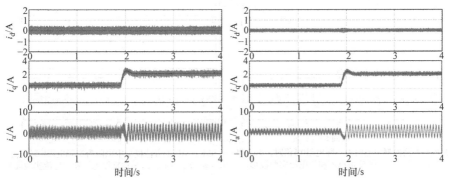

a) MPCC方法模型中电感为实际电感2倍时，d、q轴
给定电流，d、q轴反馈电流和相电流实验波形

b) SMO+MPCC方法模型中电感为实际电感2倍时，
d、q轴给定电流，d、q轴反馈电流和相电流实验波形

图 4-11　两种方法电感参数存在误差时的电流波形

图 4-12 和图 4-13 分别展示了两种方法在磁链参数与电阻参数出现误差时的实验对比结果。可以看出，磁链与电阻误差都会引起给定电流与反馈电流偏移，但磁链误差引起的偏移量大，电阻误差引起的偏移量较小可以忽略不计，这与参

数敏感性分析一致。而在 SMO + MPCC 方法控制下则不存在给定电流与反馈电流之间的静态误差。另外,图 4-14 给出了在系统运行时突然出现参数扰动时的实验结果(电机负载为 2N·m,模型中参数于 2s 均突增为 2 倍)。对比两种方法可知,SMO + MPCC 方法能够有效地消除参数突增带来的负面影响。

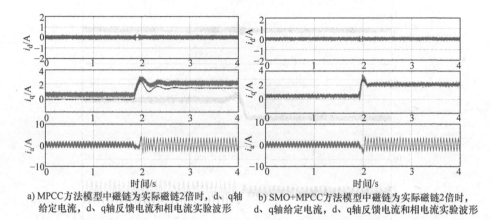

a) MPCC 方法模型中磁链为实际磁链2倍时,d、q 给定电流,d、q 轴反馈电流和相电流实验波形

b) SMO+MPCC 方法模型中磁链为实际磁链2倍时,d、q 轴给定电流,d、q 轴反馈电流和相电流实验波形

图 4-12 两种方法磁链参数存在误差时的电流波形

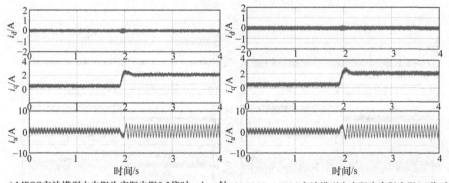

a) MPCC 方法模型中电阻为实际电阻0.5倍时,d、q 轴给定电流,d、q 轴反馈电流和相电流实验波形

b) SMO+MPCC 方法模型中电阻为实际电阻0.5倍时,d、q 轴给定电流,d、q 轴反馈电流和相电流实验波形

图 4-13 两种方法电阻参数存在误差时的电流波形

综上,仿真与实验结果表明,无论是稳定的参数误差亦或是模型参数突变都会导致传统 MPCC 方法的控制性能恶化,然而 SMO + MPCC 方法无论处于哪种参数失配情况下均能够保持良好的控制性能。

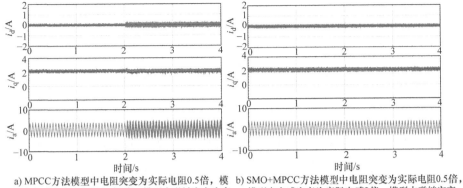

a) MPCC方法模型中电阻突变为实际电阻0.5倍，模型中电感突变为实际电感2倍，模型中磁链突变为实际磁链2倍时，d、q轴给定电流，d、q轴反馈电流和相电流实验波形　b) SMO+MPCC方法模型中电阻突变为实际电阻0.5倍，模型中电感突变为实际电感2倍，模型中磁链突变为实际磁链2倍时，d、q轴给定电流，d、q轴反馈电流和相电流实验波形

图 4-14　两种方法在转速 500r/min、转矩满载情况下出现参数突变时的电流波形

4.4　基于增量式模型的鲁棒模型预测控制

由 4.3 节可知，在传统 MPCC 中电阻 R、电感 L 与磁链 ψ_f 三种参数失配都会导致预测电流出现误差，进而影响系统控制性能。如果能对预测模型进行改进，减少模型中应用的参数个数，则可以避免部分参数对预测控制系统所带来的影响，从而间接提升模型的参数鲁棒性。

本节给出一种增量式 MPCC 方法，其与 MPCC 方法原理类似，但两者预测模型不同。增量式 MPCC 方法是通过之前两个时刻电流与电压的差值来预测下一时刻的电流信息。该方法的优势是通过两个时刻的计算差值可消除预测模型中的磁链参数。因此，在增量式 MPCC 方法的预测模型中仅包含电阻与电感两个参数，这样确保了磁链参数对于系统电流预测无任何影响。因此，相比于 MPCC 方法，增量式 MPCC 方法具有更高的参数鲁棒性。

4.4.1　增量式预测模型

基于第 3 章永磁同步电机的式（3-2）表示的电流预测模型，可推导出 d 轴与 q 轴在 $k+1$ 时刻的电流表达式。同理，可得 k 时刻的 d 轴与 q 轴电流表达式为

$$\begin{cases} i_d(k) = \left(1 - \dfrac{TR}{L}\right)i_d(k-1) + T\omega_e i_q(k-1) + \dfrac{T}{L}u_d(k-1) \\ i_q(k) = \left(1 - \dfrac{TR}{L}\right)i_q(k-1) - T\omega_e i_d(k-1) + \dfrac{T}{L}u_q(k-1) - \dfrac{T\omega_e\psi_f}{L} \end{cases} \tag{4-21}$$

式中，$i_d(k-1)$ 和 $i_q(k-1)$ 分别表示 $k-1$ 时刻的 d 轴与 q 轴电流；$u_d(k-1)$ 和

$u_q(k-1)$表示 $k-1$ 时刻 d 轴与 q 轴电压。

将不同时刻的电流表达式相减，即用式（3-2）减去式（4-21），可得增量式电流预测模型：

$$
\begin{cases}
i_d(k+1) = \left(2 - \dfrac{TR}{L}\right)i_d(k) - \left(1 - \dfrac{TR}{L}\right)i_d(k-1) + T\omega_e\left[i_q(k) - i_q(k-1)\right] + \\[2mm]
\qquad\qquad \dfrac{T}{L}\left[u_d^{0-7} - u_d(k-1)\right] \\[4mm]
i_q(k+1) = \left(2 - \dfrac{TR}{L}\right)i_q(k) - \left(1 - \dfrac{TR}{L}\right)i_q(k-1) - T\omega_e\left[i_d(k) - i_d(k-1)\right] + \\[2mm]
\qquad\qquad \dfrac{T}{L}\left[u_q^{0-7} - u_q(k-1)\right]
\end{cases}
$$

$$(4-22)$$

式中，u_d^{0-7} 和 u_q^{0-7} 为 8 个基本电压矢量分别计算得到的 d 轴与 q 轴电压。由式（4-22）可知，原预测模型中的磁链参数被消除，它意味着永磁体磁链参数不匹配将不会影响预测电流和系统的控制性能。

同样，增量式 MPCC 方法仍需要延时补偿去消除数字系统的一拍延时影响。与传统 MPCC 的一拍延时补偿不同，增量式 MPCC 方法是利用两个时刻检测到的电流值和电压值实现一拍延时补偿，其具体公式如下：

$$
\begin{cases}
i_d^p(k+1) = \left(2 - \dfrac{TR}{L}\right)i_d(k) - \left(1 - \dfrac{TR}{L}\right)i_d(k-1) + T\omega_e\left[i_q(k) - i_q(k-1)\right] + \\[2mm]
\qquad\qquad \dfrac{T}{L}\left[u_d(k) - u_d(k-1)\right] \\[4mm]
i_q^p(k+1) = \left(2 - \dfrac{TR}{L}\right)i_q(k) - \left(1 - \dfrac{TR}{L}\right)i_q(k-1) - T\omega_e\left[i_d(k) - i_d(k-1)\right] + \\[2mm]
\qquad\qquad \dfrac{T}{L}\left[u_q(k) - u_q(k-1)\right]
\end{cases}
$$

$$(4-23)$$

式中，$i_d^p(k+1)$ 和 $i_q^p(k+1)$ 分别代表 $k+1$ 时刻 d 轴和 q 轴的一拍延时补偿电流。

将式（4-23）表示的一拍延时补偿电流代入式（4-22）表示的增量式模型，可得经过延时补偿的增量式电流预测模型为

$$
\begin{cases}
i_d(k+2) = \left(2 - \dfrac{TR}{L}\right)i_d(k+1) - \left(1 - \dfrac{TR}{L}\right)i_d(k) + T\omega_e\left[i_q(k+1) - i_q(k)\right] + \\[2mm]
\qquad\qquad \dfrac{T}{L}\left[u_d^{0-7} - u_d(k)\right] \\[4mm]
i_q(k+2) = \left(2 - \dfrac{TR}{L}\right)i_q(k+1) - \left(1 - \dfrac{TR}{L}\right)i_q(k) - T\omega_e\left[i_d(k+1) - i_d(k)\right] + \\[2mm]
\qquad\qquad \dfrac{T}{L}\left[u_q^{0-7} u_q(k)\right]
\end{cases}
$$

$$(4-24)$$

式中，$i_d(k+2)$ 和 $i_q(k+2)$ 代表经过一拍延时补偿后的预测电流。

4.4.2　增量式 MPCC 的参数敏感性分析

虽然增量式 MPCC 方法在预测模型中消除了永磁体磁链参数 ψ_f，但电阻 R 和电感 L 仍然存在于模型中。因此，为了评估电感与电阻在参数不匹配情况下对系统控制性能的影响，在这一部分对增量式 MPCC 方法的参数敏感性进行分析。

根据式（4-22）表示的增量式预测模型，当参数扰动存在时，电流预测模型可进一步表示为

$$
\begin{cases}
i_d'(k+1) = \left[2 - \dfrac{T(R+\Delta R)}{(L+\Delta L)}\right] i_d(k) - \left[1 - \dfrac{T(R+\Delta R)}{(L+\Delta L)}\right] i_d(k-1) + \\
\qquad T\omega_e\left[i_q(k) - i_q(k-1)\right] + \dfrac{T}{(L+\Delta L)}\left[u_d(k) - u_d(k-1)\right] \\[2mm]
i_q'(k+1) = \left[2 - \dfrac{T(R+\Delta R)}{(L+\Delta L)}\right] i_q(k) - \left[1 - \dfrac{T(R+\Delta R)}{(L+\Delta L)}\right] i_q(k-1) - \\
\qquad T\omega_e\left[i_d(k) - i_d(k-1)\right] + \dfrac{T}{(L+\Delta L)}\left[u_q(k) - u_q(k-1)\right]
\end{cases}
$$

$$(4\text{-}25)$$

进而，可以得到不存在参数误差时式（4-22）表示的增量式模型和存在参数误差时式（4-25）表示的增量式模型之间电流预测误差：

$$
\begin{cases}
D_d = \dfrac{TR\Delta L - T\Delta RL}{L(L+\Delta L)}\left[i_d(k) - i_d(k-1)\right] - \dfrac{T\Delta L}{L(L+\Delta L)}\left[u_d(k) - u_d(k-1)\right] \\[2mm]
D_q = \dfrac{TR\Delta L - T\Delta RL}{L(L+\Delta L)}\left[i_q(k) - i_q(k-1)\right] - \dfrac{T\Delta L}{L(L+\Delta L)}\left[u_q(k) - u_q(k-1)\right]
\end{cases}
$$

$$(4\text{-}26)$$

式中，D_d 和 D_q 分别为参数误差存在条件下增量式 MPCC 方法 d、q 轴电流预测误差。由式（4-26）可知，不仅仅参数不匹配会导致电流预测误差，而且不同时刻的电流和电压也会对预测误差产生影响。然而，当电机工作在稳定状态时，d 轴和 q 轴电流满足 $i_d(k) = i_d(k-1)$ 和 $i_q(k) = i_q(k-1)$，因此，式（4-26）表示的电流预测误差可以被简化为

$$
\begin{cases}
D_d = -\dfrac{T\Delta L}{L(L+\Delta L)}\left[u_d(k) - u_d(k-1)\right] \\[2mm]
D_q = -\dfrac{T\Delta L}{L(L+\Delta L)}\left[u_q(k) - u_q(k-1)\right]
\end{cases}
$$

$$(4\text{-}27)$$

式（4-27）表明在稳定状态下，电阻参数无法影响电流预测误差，电流预测误差只由电感参数失配引起。

与传统 MPCC 方法相似，当考虑一拍延时补偿时，补偿电流可以被表示为准

确的电流和电流预测误差之和。因此，存在参数不匹配时，经过一拍延时补偿的增量式预测模型可表示为

$$
\begin{cases}
i_d'(k+2) = \left[2 - \dfrac{T(R+\Delta R)}{(L+\Delta L)}\right][i_d(k+1)+D_d] + \left[1 - \dfrac{T(R+\Delta R)}{(L+\Delta L)}\right]i_d^p(k) + \\
\qquad T\omega[i_q(k+1)+D_q-i_q^p(k)] + \dfrac{T}{(L+\Delta L)}[u_d(k+1)-u_d(k)] \\
i_q'(k+2) = \left[2 - \dfrac{T(R+\Delta R)}{(L+\Delta L)}\right][i_q(k+1)+D_q] - \left[1 - \dfrac{T(R+\Delta R)}{(L+\Delta L)}\right]i_q^p(k) - \\
\qquad T\omega[i_d(k+1)-D_d-i_d^p(k)] + \dfrac{T}{(L+\Delta L)}[u_q(k+1)-u_q(k)]
\end{cases}
$$

$$(4\text{-}28)$$

与传统 MPCC 敏感性分析相似，将式（4-28）与式（4-24）表示的无参数失配情况下的模型相减，可得：

$$
\begin{cases}
D_d^{comp} = \left[2 - \dfrac{T(R+\Delta R)}{(L+\Delta L)}\right]D_d + \dfrac{TR\Delta L - T\Delta RL}{L(L+\Delta L)}[i_d(k+1)-i_d(k)] + \\
\qquad T\omega_e D_q - \dfrac{T\Delta L}{L(L+\Delta L)}[u_d(k+1)-u_d(k)] \\
D_q^{comp} = \left[2 - \dfrac{T(R+\Delta R)}{(L+\Delta L)}\right]D_q + \dfrac{TR\Delta L - T\Delta RL}{L(L+\Delta L)}[i_q(k+1)-i_q(k)] - \\
\qquad T\omega_e D_d - \dfrac{T\Delta L}{L(L+\Delta L)}[u_q(k+1)-u_q(k)]
\end{cases}
$$

$$(4\text{-}29)$$

式中，D_d^{comp} 和 D_q^{comp} 为引入一拍延时补偿后增量式 MPCC 方法 d 轴与 q 轴预测电流出现的误差。同样，在稳态情况下，式（4-29）可进一步简化为

$$
\begin{cases}
D_d^{comp} = \left[3 - \dfrac{T(R+\Delta R)}{(L+\Delta L)}\right]D_d + T\omega_e D_q \\
D_q^{comp} = \left[3 - \dfrac{T(R+\Delta R)}{(L+\Delta L)}\right]D_q - T\omega_e D_d
\end{cases}
$$

$$(4\text{-}30)$$

由式（4-30）可知，类似于传统 MPCC 控制，在参数不匹配时增量式 MPCC 在经过一拍延时补偿后，系统电流预测误差会进一步扩大。然而，值得注意的是式（4-30）中 $T\Delta R$ 非常小，几乎可以忽略不计，因此电阻对于增量式 MPCC 的影响基本可以被忽略。而电流预测误差的增加主要是由于电感参数不匹配所引起的。图 4-15 给出了不同电感参数误差对于增量式 MPCC 最优电压矢量选择的影响。从图 4-15 中可以看出，电感值不准时，选择的最优电压矢量出现了明显的偏差。尤其是模型中电感大于实际值时，选择的最优电压矢量错误率更高。因此若要提升增量式 MPCC 的参数鲁棒性，必须确保增量式预测模型中电感参数的准确性。

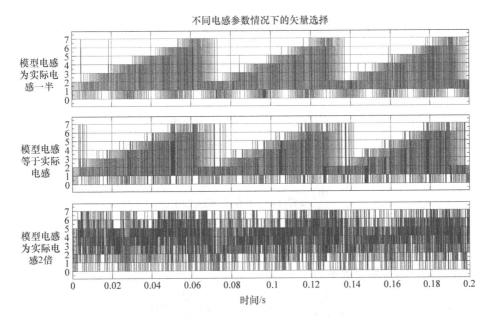

图 4-15　模型中不同电感参数误差对于矢量选择的影响

4.4.3　基本控制原理

由 4.3 节的分析可知，构建的滑模扰动观测器具有参数扰动实时观测能力，而系统扰动中包含了模型参数信息，因此，可通过提取观测扰动中存在的电感信息实现鲁棒预测控制。值得注意的是电感信息可仅通过 d 轴一个观测器进行提取，从而避免了 q 轴观测器的构建。滑模观测器的构建过程与 4.3 节一致，其具体构建过程不再进行赘述，此处直接给出 d 轴滑模观测器的具体表达式，如下所示：

$$
\begin{cases}
e_\mathrm{d} = \hat{i}_\mathrm{d}(k) - i_\mathrm{d}(k) \\
I_\mathrm{dsmo} - (R)e_\mathrm{d} + kL\mathrm{sign}(e_\mathrm{d}) \\
\hat{i}_\mathrm{d}(k+1) = \left(1 - \dfrac{TR}{L}\right)i_\mathrm{d}(k) + T\omega_\mathrm{e}i_\mathrm{q}(k) + \dfrac{T}{L}u_\mathrm{d}(k) - \dfrac{T}{L}\hat{f}_\mathrm{d}(k) - \dfrac{T}{L}I_\mathrm{dsmo} \\
\hat{f}_\mathrm{d}(k+1) = \hat{f}_\mathrm{d}(k) + TG_\mathrm{d}I_\mathrm{dsmo}
\end{cases}
$$

$$(4\text{-}31)$$

通过上述观测器可实时获取系统扰动 $\hat{f}_\mathrm{d}(k) = \Delta L\dfrac{\mathrm{d}i_\mathrm{d}}{\mathrm{d}t} + \Delta Ri_\mathrm{d} - \Delta L\omega i_\mathrm{q}$，该扰动表达式中包含了电感与电阻信息，然而 SPMSM 为了实现最大转矩电流比控

制，一般控制 d 轴电流为零，即满足 $\Delta Ri_d \approx 0$。因此，可以认为 d 轴扰动中仅包括电感参数信息，为了实现基于增量式模型的鲁棒模型预测控制，本节将提出一种电感信息提取方法，具体工作原理如下。

基于式（4-31）中的 d 轴扰动表达式，将其转换为复数域下的数学模型，可列出其传递函数，如下所示：

$$\frac{\mathrm{d}\hat{f}_d}{\mathrm{d}t} = G_d I_{dsmo} = G_d \left[-Re_d + k\hat{L}\mathrm{sign}(s) \right] \tag{4-32}$$

式中，$\hat{L}$ 为电感的估计值。在观测器稳定状态下，估计电流趋近于检测电流，即 $s = e_d$ 很小。因此，可忽略式（4-32）中 Re_d 的影响，并将其进一步化简为

$$\frac{\mathrm{d}\hat{f}_d}{\mathrm{d}t} = G_d I_{dsmo} = G_d k\hat{L}\mathrm{sign}(s) \tag{4-33}$$

由式（4-33）可知，当 $\mathrm{sign}(e_d) = 1$ 时，$\frac{\mathrm{d}\hat{f}_d}{\mathrm{d}t} > 0$。而当 $\mathrm{sign}(e_d) = -1$，$\frac{\mathrm{d}\hat{f}_d}{\mathrm{d}t} < 0$。因此电感估计值可以被表示为

$$\hat{L} = \begin{cases} \dfrac{\mathrm{d}\hat{f}_d}{\mathrm{d}t}\dfrac{1}{G_d k} & \left(\mathrm{sign}(e_d) = 1,\ \dfrac{\mathrm{d}\hat{f}_d}{\mathrm{d}t} > 0\right) \\ \dfrac{\mathrm{d}\hat{f}_d}{\mathrm{d}t}\dfrac{1}{G_d k} & \left(\mathrm{sign}(e_d) = -1,\ \dfrac{\mathrm{d}\hat{f}_d}{\mathrm{d}t} < 0\right) \end{cases} \tag{4-34}$$

式（4-34）可化简为

$$\hat{L} = \left| \frac{\mathrm{d}\hat{f}_d}{\mathrm{d}t}\frac{1}{G_d k} \right| \tag{4-35}$$

对式（4-35）进行拉氏变换，将扰动 $\hat{f}_d$ 作为输出值，$\hat{L}$ 为输入值，可得传递函数为

$$G_a(s) = \frac{f_d(s)}{\hat{L}(s)} = \frac{G_d k}{s} \tag{4-36}$$

而在控制系统中，估计电感的计算公式如下所示：

$$\hat{L}(k+1) = \hat{L}(k)(1-T) + TE_L \tag{4-37}$$

式中，E_L 为估计电感的误差值；$\hat{L}(k)$ 和 $\hat{L}(k+1)$ 分别为 k 时刻和 $k+1$ 时刻电感的估计值。对式（4-37）进行拉氏变换，将 $\hat{L}(k)$ 作为输出值，E_L 为输入值，可得传递函数为

$$G_b(s) = \frac{\hat{L}(s)}{E_L(s)} = \frac{1}{s+1} \tag{4-38}$$

综合以上分析可设计基于比例积分（PI）的扰动控制器，实现从 d 轴扰动中实时提取电感信息的目的。提出的扰动控制器系统结构框图如图 4-16 所示。

由图 4-16 可知系统的传递函数为

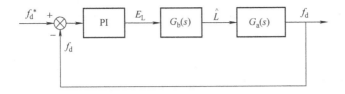

图 4-16　扰动控制器的系统结构框图

$$w(s) = \frac{G_d k}{s}\left(k_p + \frac{k_i}{s}\right)\frac{1}{s+1} \qquad (4\text{-}39)$$

该传递函数可进一步化简为典型 Ⅱ 型系统：

$$w(s) = \frac{k_i k G_d\left(\dfrac{k_p}{k_i}s + 1\right)}{s^2(s+1)} \qquad (4\text{-}40)$$

由于系统为典型 Ⅱ 型系统，因此可以采用闭环幅频特性最小准则[18]来整定 PI 控制器系数。闭环幅频特性最小准则属于振荡指标法的一种，属于工程整定方法。在工程中整定 PI 控制器参数时，需考虑多种跟随性能指标（上升时间、超调量和调节时间）和抗扰性能指标（动态降落和恢复时间）。为了保证系统既具有良好的跟随性能，又具有良好的抗扰性能，闭环幅频特性最小原则被提出，其原理是根据系统的中频带宽（h）来选择系统参数。中频带宽过小时，系统的跟随性能较差，中频带宽较大时，系统的抗扰性能较差。经过对不同中频带宽的参数分析，可知 $h = 5$ 时系统的跟随性能和抗扰性能达到了综合最优。因此根据闭环幅频特性幅值最小原则，可得到公式如下：

$$\begin{cases} h = \dfrac{k_p}{k_i} \\ k_i k G_d = \dfrac{h+1}{2h^2} \end{cases} \qquad (4\text{-}41)$$

式中，h 为中频带宽。由于 $h = 5$ 时系统的跟随性能以及抗扰性能最好，因此将 $h = 5$ 代入其中，可求得对应扰动控制器的对应参数 $k_i = 4 \times 10^{-7}$，$k_p = 2 \times 10^{-6}$。

根据上述 PI 参数计算准则选取扰动控制器参数便可实现从 d 轴扰动中准确提取电感信息。所提出的强鲁棒性增量式模型预测电流控制原理框图如图 4-17 所示。系统通过扰动观测器观测出电感所引起的扰动，再将扰动代入 PI 控制器中计算出电感误差。最后将误差值与模型中所用电感参数相加代入到系统中，以一个控制周期为单位逐步修正模型中的电感；另一方面，由增量式模型的参数敏感性分析可知，当参数不匹配时，预测电流会出现误差，而将一拍延时补偿后的电流代入预测模型后预测电流的误差会进一步扩大。然而，利用本方法通过将估计的电感误差值代入延时补偿和预测模型后，模型电感将被逐渐修正，从而使得预测电流更加准确。与此同时，估计的电感误差值也需要代入到扰动观测器中更新电感参数，从而使得通过扰动观测器观测出的扰动值逐渐收敛于零，保证了电感被扰动控制器修正后，系统能继续保持其良好的控制性能和抗扰能力。

所提出的强鲁棒性增量式模型预测电流控制方法的具体实施步骤可概括如下：

1）采样电流得到 $i_d(k)$ 和 $i_q(k)$，代入到扰动观测器中，计算得到扰动 $\hat{f}_d(k)$；

2）将扰动 $\hat{f}_d(k)$ 代入 PI 控制器中计算得到电感的误差值；

3）将电感误差与模型电感值相加获得修正后的电感 $\hat{L}$，并利用修正后的电感同时更新一拍延时补偿、预测模型，以及扰动观测器中存在的电感参数；

4）对采样电流 $i_d(k)$ 和 $i_q(k)$ 进行延时补偿，得到 $i_d(k+1)$ 和 $i_q(k+1)$ 后代入增量式模型中计算预测电流；

5）将基本电压矢量的预测电流分别代入代价函数中，选择令代价函数最小的电压矢量为最优电压矢量，输出其开关信号。

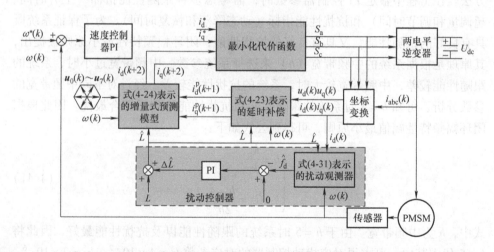

图 4-17　强鲁棒性增量式模型预测电流控制原理框图

4.4.4　仿真和实验结果

为了验证所提出的强鲁棒性增量式 MPCC 方法的有效性，建立了基于 MAT-LAB/Simulink 的仿真模型，并基于芯片 TMS320F28335 构建了实验平台。实验平台采样频率为 15kHz，PMSM 参数如表 4-2 所示。

表 4-2 使用强鲁棒性增量式 MPCC 方法的 PMSM 参数

电机参数	对应描述	数值
U_{dc}/V	直流母线电压	310
$n_N/(r/min)$	额定转速	2000
p	极对数	2
R/Ω	定子电阻	3.18
L/mH	定子电感	8.5
ψ_f/Wb	转子磁链	0.3
$J/kg \cdot m^2$	转动惯量	0.00046
$T_e/N \cdot m$	额定转矩	5

1. 仿真结果

图 4-18 ~ 图 4-20 为仿真波形，仿真中扰动观测器参数为 $k = 2000$，$G_d = 1000$。仿真中系统以给定转速（1000r/min）稳定运行时，模型中的参数于 0.4s 进行突变，负载则在 0.7s 由 50% 额定负载变成 100% 额定负载。图 4-18 为电感参数发生 2 倍突变时电流响应波形以及实时观测出的扰动结果。图 4-19 为电感参数发生 0.5 倍突变时电流响应波形以及实时观测出的扰动波形。

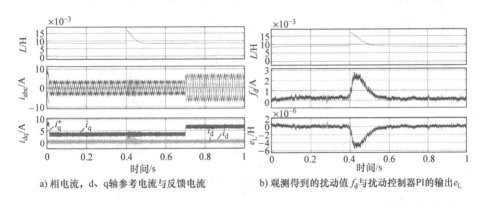

a) 相电流，d、q 轴参考电流与反馈电流   b) 观测得到的扰动值 f_d 与扰动控制器 PI 的输出 e_L

图 4-18 在模型中电感为实际电感 2 倍的情况下强鲁棒性增量式 MPCC 方法的仿真结果

由图 4-18 和图 4-19 可以看出，模型中电感参数与实际不匹配时，强鲁棒性增量式 MPCC 方法可逐步消除模型电感与实际电感的差值，模型中的电感参数被调整为实际电感值。由于模型电感被修正，因此观测出的扰动值也被消除。而在负载突变后，观测器仍可正常工作，观测出的电感值没有发生变化。这表明系统在不同负载情况下观测的电感值不会发生改变，强鲁棒性增量式 MPCC 方法不受负载变化影响。

图 4-20 为电阻参数不匹配时的电流响应波形，由结果可以看出，电阻的偏差对于系统的影响极小，几乎可忽略不计。综上所述，在系统模型中当电感与电

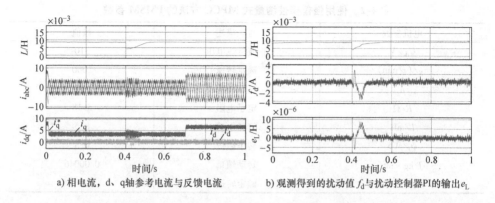

a) 相电流，d、q 轴参考电流与反馈电流　　b) 观测得到的扰动值 f_d 与扰动控制器PI的输出 e_L

图 4-19　在模型中电感为实际电感 0.5 倍的情况下强鲁棒性增量式 MPCC 方法的仿真结果

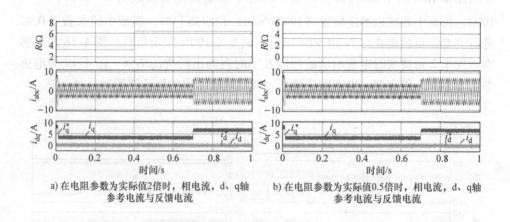

a) 在电阻参数为实际值 2 倍时，相电流，d、q 轴　　b) 在电阻参数为实际值0.5倍时，相电流，d、q轴
　　参考电流与反馈电流　　　　　　　　　　　　参考电流与反馈电流

图 4-20　在模型中电阻为实际值 2 倍和 0.5 倍情况下强鲁棒性增量式 MPCC 方法的仿真结果

阻参数不匹配时，仿真结果与上文进行的参数敏感性分析一致。

2. 实验结果

为了验证所提方法的稳态性能和动态性能，在不同条件下进行了参数失配实验，实验验证结果如图 4-21 ~ 图 4-24 所示，实验中扰动观测器参数为 $k = 1000$，$G_d = 1000$。实验采样频率为 15kHz，电机转速为 500r/min。表 4-3 展示了相关的实验参数，表中 $T_L(\mathrm{N \cdot m})$ 代表负载转矩。

为了验证所提方法在参数不匹配情况下的控制性能，将传统 MPCC 方法与强鲁棒性增量式 MPCC 方法进行了对比。图 4-21 为参数不发生改变时，强鲁棒性增量式 MPCC 方法和传统 MPCC 方法的电流波形。对比两种方法的电流波形可以看出参数不发生改变时两者的 d 轴和 q 轴电流以及相电流波形基本相同，说明两种控制方法的控制性能在参数匹配时基本一致。

　　图 4-22 为电阻参数发生失配时，强鲁棒性增量式 MPCC 方法和传统 MPCC 方法的电流波形对比。由实验结果可知，传统 MPCC 方法在电阻参数发生失配时，会引起 q 轴给定电流与反馈电流的略微偏移，而对于提出的强鲁棒性增量式 MPCC 方法来说，电流波形没有明显变化。这充分说明在强鲁棒性增量式 MPCC 方法的控制下，电阻参数的不匹配对于系统的控制性能没有影响，这与前文增量式模型参数敏感性分析一致。

　　图 4-23 为模型中电感参数失配时两种控制方法的实验对比结果。在电感参数不匹配的情况下，传统的 MPCC 方法中 d 轴和 q 轴电流出现振荡，相电流出现畸变。其中，当电感参数为实际电感 2 倍时，d、q 轴电流振荡更为明显，系统控制效果明显下降。对比而言，在强鲁棒性增量式 MPCC 方法控制下，系统可以有效消除电感参数不匹配对控制性能的影响，与传统 MPCC 方法相比，增量式 MPCC 方法的电流波形在电感参数不匹配时得到了明显的改善。

　　为了进一步验证所提出方法的动态调节能力，在该控制方法满载运行过程中对模型参数进行突变，实验结果如图 4-24 所示。分析电感参数发生突变时的结果可知，电感突变后扰动观测器迅速观测出扰动 f_d 并计算出对应差值代入系统修正电感，因此 d 轴和 q 轴电流振荡以及相电流畸变很快被消除，整个调节时间约为 0.3s。此外，由于电感被修正，观测出的扰动值也在 0.4s 内逐渐收敛到 0 附近。综上，上述实验结果验证了所提出的增量式 MPCC 方法具有较强的参数鲁棒性，解决了模型预测控制对于模型参数依赖性强的问题。

表 4-3　传统 MPCC 方法与强鲁棒性增量式 MPCC 方法的实验条件

图号		4-21a	4-22a	4-22c	4-23a	4-23c	4-24a	4-24c
		4-21b	4-22b	4-22d	4-23b	4-23d	4-24b	4-24d
条件	R/Ω	3.18	6.36	1.59	3.18	3.18	3.18	3.18
	L/mH	8.5	8.5	8.5	17	4.25	8.5 变为 17	8.5 变为 4.25
	$T_L/\text{N}\cdot\text{m}$	4 变为 6	4 变为 6	4 变为 6	4 变为 6	4 变为 6	6	6

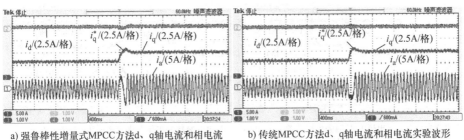

a) 强鲁棒性增量式MPCC方法d、q轴电流和相电流
实验波形　　　b) 传统MPCC方法d、q轴电流和相电流实验波形

图 4-21　参数准确时的两种方法的实验结果

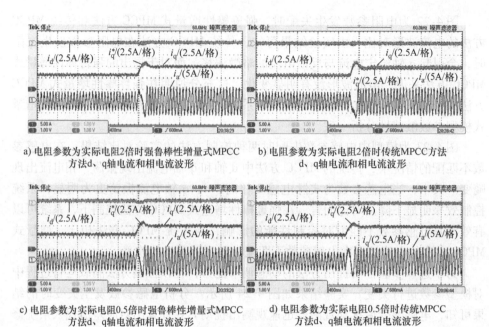

a) 电阻参数为实际电阻2倍时强鲁棒性增量式MPCC
方法d、q轴电流和相电流波形

b) 电阻参数为实际电阻2倍时传统MPCC方法
d、q轴电流和相电流波形

c) 电阻参数为实际电阻0.5倍时强鲁棒性增量式MPCC
方法d、q轴电流和相电流波形

d) 电阻参数为实际电阻0.5倍时传统MPCC
方法d、q轴电流和相电流波形

图 4-22 当电阻参数有误差时的两种方法的实验结果

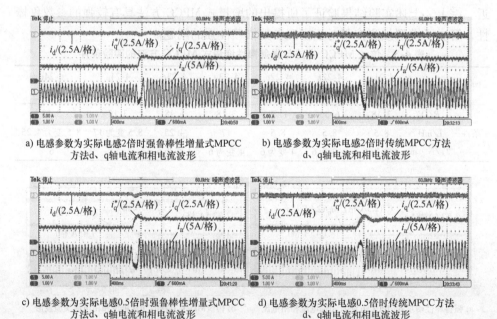

a) 电感参数为实际电感2倍时强鲁棒性增量式MPCC
方法d、q轴电流和相电流波形

b) 电感参数为实际电感2倍时传统MPCC方法
d、q轴电流和相电流波形

c) 电感参数为实际电感0.5倍时强鲁棒性增量式MPCC
方法d、q轴电流和相电流波形

d) 电感参数为实际电感0.5倍时传统MPCC方法
d、q轴电流和相电流波形

图 4-23 当电感参数有误差时的两种方法的实验结果

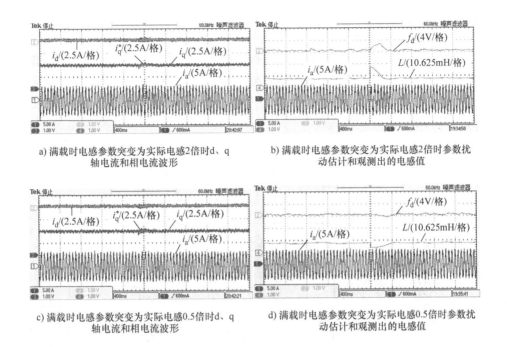

a) 满载时电感参数突变为实际电感2倍时d、q
轴电流和相电流波形

b) 满载时电感参数突变为实际电感2倍时参数扰
动估计和观测出的电感值

c) 满载时电感参数突变为实际电感0.5倍时d、q
轴电流和相电流波形

d) 满载时电感参数突变为实际电感0.5倍时参数扰
动估计和观测出的电感值

图 4-24　在模型中电感参数产生突变时的实验结果

4.5　基于电流预测误差的鲁棒模型预测控制

上述提出的鲁棒模型预测控制方法都是基于一个周期作用一个电压矢量（单矢量 MPC）的角度进行阐述的，本节将从多矢量 MPC 的角度（以双矢量 MPC 为例）给出不同的方案以实现鲁棒预测控制。

4.5.1　电流预测误差与模型参数间的关系

由前文提到的传统 MPCC 原理分析可知，预测模型中需要用到电感、磁链、电阻三个电机参数，而这些模型参数不准确将会影响 MPCC 的控制效果。然而需要注意的是与一个周期作用一个电压矢量的单矢量 MPCC 不同，一个周期作用两个电压矢量的双矢量 MPCC 中，除了预测模型中包含电机参数外，电压矢量占空比计算过程同样需要用到三个电机参数。因此，毫无疑问双矢量 MPCC 的控制效果更加依赖于准确的模型参数。为了解决双矢量 MPCC 对电机参数的敏感性问题，本节提出一种鲁棒性双矢量 MPC 方法。该方法利用电流预测误差，通过 PI 计算的方式，提取包含于电流预测误差中的参数误差信息，并且将得到的参数误差信息带入到预测模型中去进行实时补偿，以此来增强双矢量 MPCC 方法的抗参数扰动能力。

1. 传统双矢量 MPCC 原理

传统 MPCC 在每个控制周期中，只作用一个最优电压矢量，因而相电流谐波较大，控制效果较差。为了提升控制效果，双矢量 MPCC 在每个周期中施加两个电压矢量，并且分配两个电压矢量的占空比。传统双矢量 MPCC 的控制系统框图如图 4-25 所示。

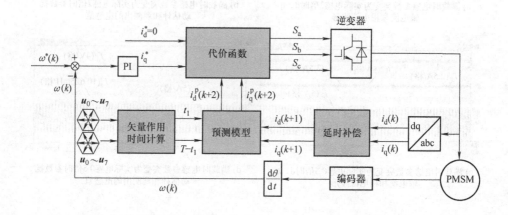

图 4-25 传统双矢量 MPCC 的控制系统框图

永磁同步电机电流预测模型重写如下：

$$\begin{cases} i_{\mathrm{d}}^{\mathrm{p}}(k+1) = \left(1 - \dfrac{TR}{L}\right) i_{\mathrm{d}}(k) + T\omega_{\mathrm{e}} i_{\mathrm{q}}(k) + \dfrac{T}{L} u_{\mathrm{d}}(k) \\ i_{\mathrm{q}}^{\mathrm{p}}(k+1) = \left(1 - \dfrac{TR}{L}\right) i_{\mathrm{q}}(k) - T\omega_{\mathrm{e}} i_{\mathrm{d}}(k) + \dfrac{T}{L} u_{\mathrm{q}}(k) - \dfrac{T\omega_{\mathrm{e}}\psi_{\mathrm{f}}}{L} \end{cases} \tag{4-42}$$

式中，$i_{\mathrm{d}}(k)$ 和 $i_{\mathrm{q}}(k)$ 为当前时刻实际电流；$i_{\mathrm{d}}^{\mathrm{p}}(k+1)$ 和 $i_{\mathrm{q}}^{\mathrm{p}}(k+1)$ 为下一时刻电流预测值。上述模型中的 $u_{\mathrm{d}}(k)$ 和 $u_{\mathrm{q}}(k)$ 表示下一时刻施加的逆变器基本电压矢量，在双矢量 MPC 中可表示为

$$\begin{cases} u_{\mathrm{d}}(k) = u_{\mathrm{d}1} t_1/T + u_{\mathrm{d}2}(T - t_1)/T \\ u_{\mathrm{q}}(k) = u_{\mathrm{q}1} t_1/T + u_{\mathrm{q}2}(T - t_1)/T \end{cases} \tag{4-43}$$

式 (4-43) 中 t_1 可根据电流无差拍原则计算，具体计算公式如下所示：

$$i_{\mathrm{s}}(k+1) = i_{\mathrm{s}}(k) + S_1 t_1 + S_2(T - t_1) = i_{\mathrm{s}}^{*} \tag{4-44}$$

$$t_1 = \frac{\left[i_{\mathrm{s}}^{*} - i_{\mathrm{s}}(k) - S_2 T\right](S_1 - S_2)}{(S_1 - S_2)^2} \tag{4-45}$$

式中，S_1 和 S_2 为第一矢量与第二矢量作用时的电流变化率，其表达式如下所示：

$$\begin{cases} S_1 = S_{d1} + 1\mathrm{j}S_{q1} \\[2mm] S_{d1} = \dfrac{u_{d1} + \left[-Ri_d(k+1) + \omega_e L i_q(k+1) \right]}{L} \\[4mm] S_{q1} = \dfrac{u_{q1} + \left[-Ri_q(k+1) - \omega_e L i_q(k+1) - \omega_e \psi_f \right]}{L} \end{cases} \tag{4-46}$$

$$\begin{cases} S_2 = S_{d2} + 1\mathrm{j}S_{q2} \\[2mm] S_{d2} = \dfrac{u_{d2} + \left[-Ri_d(k+1) + \omega_e L i_q(k+1) \right]}{L} \\[4mm] S_{q2} = \dfrac{u_{q2} + \left[-Ri_q(k+1) - \omega_e L i_q(k+1) - \omega_e \psi_f \right]}{L} \end{cases} \tag{4-47}$$

基于式（4-42）、式（4-43）和式（4-45）的模型，可以预测两个不同矢量的合成电压矢量产生的电流。然后采用式（4-48）表示的成本函数作为评价标准，选择具有电流预测误差最小的最优矢量组合。

$$g = (i_d^* - i_d)^2 + (i_q^* - i_q)^2 \tag{4-48}$$

2. 预测电流的参数敏感性分析

在双矢量 MPCC 中，除了预测模型中包含电机参数外，电压矢量的占空比计算过程同样需要用到三个电机参数。因此，双矢量 MPCC 的控制效果对参数准确性更加敏感。为了评估电感、磁链、电阻三个参数对双矢量 MPCC 的具体影响，本节将对双矢量 MPCC 的参数敏感性进行分析。

当预测模型中的电感、磁链、电阻参数不准确时，电流预测模型被表示为

$$\begin{cases} i_{df}(k+1) = \left(1 - \dfrac{TR_0}{L_0} \right) i_d(k) + T\omega_e i_q(k) + \dfrac{T}{L_0} u_d(k) \\[4mm] i_{qf}(k+1) = \left(1 - \dfrac{TR_0}{L_0} \right) i_q(k) + T\omega_e i_d(k) + \dfrac{T}{L_0} u_q(k) - \dfrac{T\omega_e \psi_{f0}}{L_0} \end{cases} \tag{4-49}$$

式中，L_0、ψ_{f0} 和 R_0 表示不准确的电机参数；$i_{df}(k+1)$ 和 $i_{qf}(k+1)$ 代表参数不准确时的电流预测值。

式（4-42）为参数准确时的电流预测模型。其中，L、ψ_f 和 R 表示准确的电机参数。$i_d^p(k+1)$ 和 $i_q^p(k+1)$ 代表参数准确时的电流预测值，即准确的电流预测值。

将式（4-42）与式（4-49）做差，可以得到参数不准确时的电流预测误差，如下所示：

$$\begin{cases} E_\mathrm{d} = i_\mathrm{d}(k+1) - i_\mathrm{df}(k+1) = \dfrac{(TR_0\Delta L - T\Delta RL_0)i_\mathrm{d}(k) - T\Delta Lu_\mathrm{d}(k)}{L_0(L_0+\Delta L)} \\[4mm] E_\mathrm{q} = i_\mathrm{q}(k+1) - i_\mathrm{qf}(k+1) = \dfrac{(TR_0\Delta L - T\Delta RL_0)i_\mathrm{q}(k) - T\Delta Lu_\mathrm{q}(k)}{L_0(L_0+\Delta L)} + \\[4mm] \qquad\qquad\qquad\qquad \dfrac{T\omega_\mathrm{e}(L_0\Delta\psi_\mathrm{f} + \Delta L\psi_\mathrm{f} + \Delta L\Delta\psi_\mathrm{f})}{L_0(L_0+\Delta L)} \end{cases} \quad (4\text{-}50)$$

式中，$\Delta L = L - L_0$，$\Delta\psi_\mathrm{f} = \psi_\mathrm{f0} - \psi_\mathrm{f}$，$\Delta R = R - R_0$。式（4-50）表明，当电感、磁链、电阻参数存在误差时，将会存在较大的电流预测误差（E_d 和 E_q）。

在式（4-42）所表示的电流预测模型中，与电阻有关的项只有 TR/L。此外，控制周期 T 是一个很小的数值。在本章中，控制周期被设置为 0.000066666s。这意味着电阻误差对预测电流造成的影响很小，可以忽略不计。

为了验证参数误差对电流预测误差的影响，仿真结果如图 4-26 所示。在以

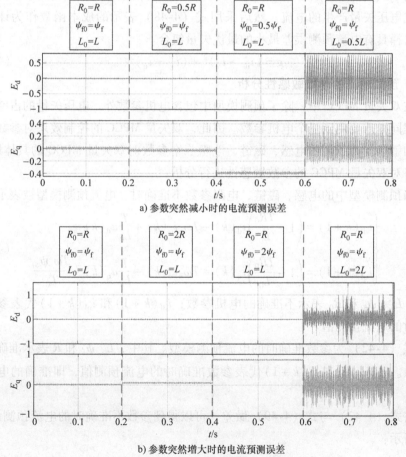

a) 参数突然减小时的电流预测误差

b) 参数突然增大时的电流预测误差

图 4-26　电流预测误差仿真波形

下仿真结果中，模型中使用的电机参数随时间间隔的变化而变化。

电流预测误差仿真结果显示，当参数误差不存在时，d、q 轴电流预测误差不存在；当电阻参数失配发生时，E_d 和 E_q 受到的影响很小；当磁链参数失配发生时，E_q 明显增大，而 E_d 不受影响；当电感参数失配发生时，E_d 和 E_q 均明显增大。

以上结果表明，不准确的电阻参数对预测电流没有明显影响，不准确磁链参数仅影响到 q 轴的预测电流；而 d、q 轴预测电流则都会受到不准确电感参数的影响。

3. 矢量作用时间的参数敏感性分析

根据式（4-42）与式（4-45），矢量作用时间计算公式可被表示为

$$t^* = \frac{L[U_2(i_q^* - i_q - S_{q2}^* T) + U_1(i_d^* - i_d - S_{d2}^* T)]}{U_2^2 + U_1^2} \tag{4-51}$$

式中，$U_1 = U_{d1} - U_{d2}$，$U_2 = U_{q1} - U_{q2}$，S_{d2}^* 和 S_{q2}^* 表示两个所选矢量的准确电流斜率。根据式（4-51），当参数存在误差时，不准确的矢量作用时间可表示为

$$\hat{t} = \frac{L_0[U_2(i_q^* - i_q - \hat{S_{q2}} T) + U_1(i_d^* - i_d - \hat{S_{d2}} T)]}{U_2^2 + U_1^2} \tag{4-52}$$

式中，$\hat{S_{d2}}$ 和 $\hat{S_{q2}}$ 表示两个所选电压矢量的不准确电流斜率。将式（4-51）与式（4-52）做差，可以得到矢量作用时间的误差，如下所示：

$$\Delta t = \frac{U_2[(i_q^* - i_q + T\omega_e i_d)\Delta L - T\omega_e \Delta\psi_f] + U_1\Delta L(i_d^* - i_d - T\omega_e i_q)}{U_2^2 + U_1^2} \tag{4-53}$$

从式（4-53）可知，模型参数误差将导致计算的矢量作用时间存在误差。为了验证电阻、磁链、电感三个参数对矢量作用时间计算的影响，仿真结果如图 4-27 所示。在仿真中，模型中使用的电机参数随时间间隔的变化而变化。

图 4-27 显示，当电阻参数失配发生时，矢量作用时间的计算不受影响；当磁链参数失配发生时，矢量作用时间有微小的变化；当电感参数失配发生时，矢量作用时间有明显变化。以上结果表明，矢量作用时间受到电感误差与磁链误差的影响，但不受电阻误差的影响。另外，根据式（4-42）可知，两个所选矢量与其相应的作用时间均包含在电流预测模型中。这意味着矢量作用时间的误差将最终体现在预测电流中。

以上对预测电流与矢量作用时间的分析表明，双矢量 MPCC 的控制效果主要受电感与磁链准确性的影响。然而，在控制周期较短时，双矢量 MPCC 受电阻的影响很小，可忽略不计。

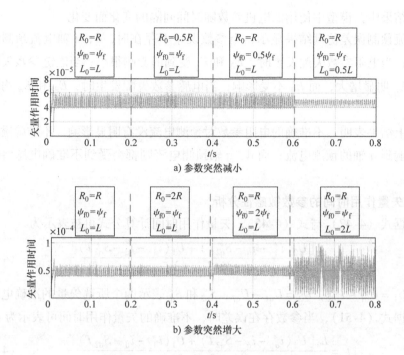

图 4-27 第一矢量作用时间的仿真波形

4.5.2 鲁棒双矢量模型预测电流控制方法

本节提出了一种鲁棒双矢量 MPCC 方法，以克服电感与磁链参数失配对双矢量 MPCC 的控制性能造成的影响。所提方法可以实时准确地得到电感与磁链信息。系统控制框图如图 4-28 所示。根据式（4-50），可以发现电感与磁链参数的信息包含在电流预测误差公式中。因此，电感与磁链参数信息可以由电流预测误差来获取。由 d 轴电流预测误差可得到电感信息，磁链信息则由 q 轴电流预测误差来获取。然后，将从电流预测误差中提取出的电感与磁链信息带入模型中，修正模型中不准确的电感与磁链。在方法实施过程中，为了避免高频噪声对电流预测误差的影响，使用自适应滤波算法来滤除电流预测误差中的高频噪声。

1. 电感参数实时提取

电感参数信息提取系统的结构图如图 4-29 所示。PI 调节器被用来提取包含在 d 轴电流预测误差（E_d）中的电感参数信息。

根据上一节的参数敏感性分析，电阻误差对电流预测误差没有影响。因此，电流预测误差式（4-50）中 E_d 的表达式可被简化为

$$E_d = T\left[\frac{1}{L_0} - \frac{1}{L_0 + \Delta L}\right]\left[Ri_d(k) - u_d(k)\right] \tag{4-54}$$

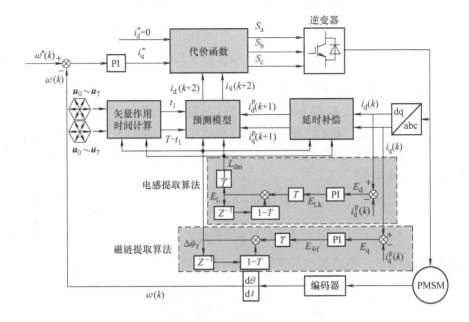

图 4-28 鲁棒双矢量 MPCC 系统控制框图

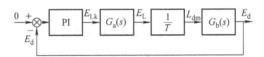

图 4-29 电感参数信息提取系统结构图

在式（4-54）中，只包含有电感参数信息，而没有磁链参数信息。而根据上一节的参数敏感性分析可知，d 轴预测电流仅受电感误差的影响。因此，d 轴电流预测误差可被用来提取电感参数信息。包含在式（4-54）中的电感信息可表示为

$$E_{\mathrm{L}} = T\Big[\frac{1}{L_0} - \frac{1}{L_0 + \Delta L}\Big] \tag{4-55}$$

简化式（4-55），可得提取的电感信息 L_{dm} 表达式如下：

$$L_{\mathrm{dm}} = \frac{E_{\mathrm{L}}}{T} = \frac{1}{L_0} - \frac{1}{L_0 + \Delta L} \tag{4-56}$$

根据式（4-54），L_{dm} 与 E_{d} 的关系可表示为

$$G_{\mathrm{b}}(s) = \frac{E_{\mathrm{d}}}{L_{\mathrm{dm}}} = TRi_{\mathrm{d}}(k) - Tu_{\mathrm{d}}(k) \tag{4-57}$$

根据式 (4-42) 中的 d 轴电压方程，当电机稳态运行时，式 (4-57) 可被简化为

$$G_b(s) = \frac{E_d}{L_{dm}} = -Tu_d(k) = T\omega_e L_0 i_q \qquad (4\text{-}58)$$

另外，被提取的电感信息控制方程被设为

$$E_L(k) = E_L(k-1)(1-T) + E_{Lk}T \qquad (4\text{-}59)$$

在式 (4-59) 中，$E_L(k)$ 和 $E_L(k-1)$ 表示在 k 时刻和 $k-1$ 时刻提取的电感信息，E_{Lk} 代表 d 轴电流预测误差的 PI 调节器输出。式 (4-59) 的时域表达式以及传递函数可表示为

$$dE_L(t)/dt + E_L(t) = E_{Lk} \qquad (4\text{-}60)$$

$$G_a(s) = \frac{E_L}{E_{Lk}} = \frac{1}{s+1} \qquad (4\text{-}61)$$

根据以上两个公式，电感提取系统的传递函数可被列为

$$W(s) = \frac{\omega_e L_0 i_q K_{IL}\left(\dfrac{K_{pL}}{K_{IL}}s + 1\right)}{s(s+1)} \qquad (4\text{-}62)$$

为了设计合适的比例与积分系数，来满足控制要求，式 (4-62) 的闭环特征方程可以表示如下：

$$s^2 + s + K_1 x_1 s + K_1 = 0 \qquad (4\text{-}63)$$

式中，$x_1 = K_{pL}/K_{IL}$；$K_1 = \omega_e L_0 i_q K_{IL}$，$K_1$ 表示式 (4-62) 的开环增益。另外，二阶系统的特征方程标准型表示如下：

$$s^2 + 2\zeta\omega_n s + \omega_n^2 = 0 \qquad (4\text{-}64)$$

对比式 (4-63) 与式 (4-64)，可得到如下关系：

$$\begin{cases} 2\zeta\omega_n = 1 + k_1 x_1 \\ K_1 = \omega_n^2 \end{cases} \qquad (4\text{-}65)$$

阻尼比 ζ 被设为 0.707[17]。式 (4-65) 被修改为

$$x_1 K_1 - 2\zeta\sqrt{K_1} + 1 = 0 \qquad (4\text{-}66)$$

当比例与积分系数的比 x_1 被确定后，可由式 (4-66) 解出两个开环增益。开环增益应是一个正实数，因此，x_1 应满足 $0 < x_1 < 0.5$。

式 (4-62) 表示的传递函数的幅频特性曲线如图 4-30 所示。

由图 4-30 可得系统中频带宽以及相角裕度如下：

$$h = \omega_2/\omega_1 = 1/x_1 \qquad (4\text{-}67)$$

$$\gamma = 180° - 90° - \arctan(\omega_c/\omega_1) + \arctan(x_1\omega_c) \qquad (4\text{-}68)$$

式（4-68）表明，随着 x_1 的增加，相角裕度会减小，且稳定性变差。因此，为了保证较好的稳定性，中频带宽应选择较小数值，这意味着 x_1 在其范围 $0 < x_1 < 0.5$ 应选择一个较大数值。

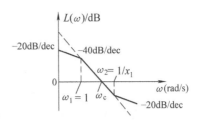

图 4-30　电感参数信息提取系统幅频特性曲线

在本节中，x_1 被设定为 0.4。通过式（4-66）可得到的两个解（$K_1 = 0.96$，$K_1 = 6.54$）。考虑到系统的输出是电感信息，且电感值数量级很小，较大的开环增益会引起超调以及较差的稳定性。因此，开环增益被选择为 $K_1 = 0.96$。

在确定了 x_1 和 K_1 后，比例与积分系数便可由如下式（4-69）确定：

$$\begin{cases} K_{IL} = K_1 / \omega_e L_0 i_q \\ K_{PL} = x_1 K_{IL} \end{cases} \tag{4-69}$$

基于上述设计的电感提取方法，可以获得准确的电感信息。将该电感信息实时补偿到模型中，对模型用电感进行修正。这意味着由电感误差引起的 d、q 轴电流预测误差和矢量作用时间误差都将会被消除，这也为 q 轴电流预测误差的分析提供了方便。

2. 磁链参数实时提取

磁链参数信息提取系统的结构图如下图 4-31 所示。

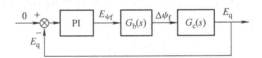

图 4-31　磁链参数信息提取系统结构图

根据上一节的分析，模型中的电感已被校正并且由电感误差引起的电流预测误差被消除。因此，式（4-50）中，E_q 的表达式可被简化为

$$E_q = \frac{T \omega_e}{L_0 + \Delta L} \Delta \psi_f \tag{4-70}$$

式中，$L_0 + \Delta L$ 表示准确电感，可由上一节的电感提取系统得到，因此在本节被认为是一常数。式（4-70）表明，只有磁链误差（$\Delta \psi_f$）包含在 q 轴电流预测误差中。因此，与电感的计算方式一样，磁链信息可根据 q 轴电流预测误差来计算得到。

根据式（4-70），E_q 与 $\Delta \psi_f$ 的关系表示为

$$G_{\mathrm{d}}(s) = \frac{E_{\mathrm{q}}}{\Delta\psi_{\mathrm{f}}} = \frac{T\omega_{\mathrm{e}}}{L_0 + \Delta L} \tag{4-71}$$

类似于电感计算方式，被提取的磁链信息控制方程被设计为

$$\Delta\psi_{\mathrm{f}}(k) = \Delta\psi_{\mathrm{f}}(k-1)(1-T) + E_{\psi_{\mathrm{f}}}T \tag{4-72}$$

式中，$\Delta\psi_{\mathrm{f}}(k)$ 和 $\Delta\psi_{\mathrm{f}}(k-1)$ 分别表示在 k 时刻和 $k-1$ 时刻提取的磁链信息；$E_{\psi_{\mathrm{f}}}$ 代表 q 轴电流预测误差的 PI 调节器输出。式（4-72）的时域表达式以及传递函数被表示为

$$\frac{\mathrm{d}\Delta\psi_{\mathrm{f}}(t)}{\mathrm{d}t} + \Delta\psi_{\mathrm{f}}(t) = E_{\psi_{\mathrm{f}}} \tag{4-73}$$

$$G_{\mathrm{c}}(s) = \frac{\Delta\psi_{\mathrm{f}}}{E_{\psi_{\mathrm{f}}}} = \frac{1}{s+1} \tag{4-74}$$

然后，磁链提取系统的开环传递函数可表示为

$$V(s) = \frac{T\omega_{\mathrm{e}}}{L_0 + \Delta L} \cdot \frac{K_{\mathrm{If}}\left(\dfrac{K_{\mathrm{Pf}}}{K_{\mathrm{If}}}s + 1\right)}{s(s+1)} \tag{4-75}$$

式中，K_{Pf} 和 K_{If} 代表比例与积分系数。

为了设计合适的 PI 参数，实现较好的控制效果，式（4-75）的闭环特征方程被列为

$$s^2 + s + K_2 x_2 s + K_2 = 0 \tag{4-76}$$

式中，$x_2 = K_{\mathrm{Pf}}/K_{\mathrm{If}}$；$K_2$ 代表开环增益，表达式为 $K_2 = K_{\mathrm{If}}T\omega_{\mathrm{e}}/(L_0 + \Delta L)$。

二阶系统特征方程的标准型表示为

$$s^2 + 2\zeta_{\mathrm{d}}\omega_n s + \omega_n^2 = 0 \tag{4-77}$$

对比式（4-76）与式（4-77），可得如下关系式：

$$\begin{cases} 2\zeta_{\mathrm{d}}\omega_n = 1 + K_2 x_2 \\ K_2 = \omega_n^2 \end{cases} \tag{4-78}$$

阻尼比 ζ_{d} 同样被选为 0.707。式（4-78）被重新表示为

$$x_2 K_2 - 2\zeta_{\mathrm{d}}\sqrt{K_2} + 1 = 0 \tag{4-79}$$

与上一节对 x_1 和 K_1 分析一致，x_2 为 0.4，K_2 为 0.96。

因此，可凭借上述设计的磁链提取系统，获得准确的磁链信息。然后，将得到的磁链信息带入模型，实时修正模型中的不准确磁链。由此，模型中的磁链误差便可被消除。

综上所述，由以上所设计的电感与磁链提取系统，可以得到电机准确的电感与磁链参数，进而可以得到准确的电流预测模型与矢量作用计算时间。因此，整个系统有良好的控制效果并且有更强的抗参数干扰能力。

4.5.3　实验结果

为了验证本节所提出的鲁棒双矢量 MPCC 方法，在 PMSM 实验平台上进行了实验验证，实验参数如表 4-4 所示。

表 4-4　使用鲁棒双矢量 MPCC 方法的 PMSM 控制系统参数

参数	描述	数值
p	极对数	2
L/mH	定子电感	7.5
ψ_f/Wb	转子磁链	0.325
R/Ω	定子电阻	3.18
$J/\text{kg} \cdot \text{m}^2$	转动惯量	0.00046
$T_\text{eL}/\text{N} \cdot \text{m}$	额定转矩	5
$N/(\text{r/min})$	额定转速	2000
T/s	控制周期	0.0000666
V_DC/V	直流母线电压	310

图 4-32 展示了传统双矢量 MPCC 在参数突变前后的电流波形。在图 4-32a 中，可以看出，在模型电感变为实际电感的 1/2 后，电流受到的影响较小。而当模型电感突变为实际电感的 2 倍后，如图 4-32b 所示，电流谐波明显增大，d、q 轴电流振荡更严重；另一方面，如图 4-32c 和 d 所示，当模型中磁链参数发生突变后，d 轴电流受影响较小，而 q 轴电流出现明显的静差。而当电阻参数失配发生时，如图 4-32e 和 f 所示，电流未受到明显影响。

图 4-33 展示了鲁棒双矢量 MPCC 方法在电感出现参数失配时的实验波形。可以看出，在电感参数失配出现后，模型电感可以很快地被校正为准确值，并且电流波形无明显波动。图 4-34 则展示了在磁链参数失配突然出现时的实验结果。实验波形表明，在磁链参数失配出现后，模型中的磁链参数也可以很快地被校正为准确值，并且系统控制性能无明显影响。另外，在图 4-35 中展示了电感与磁链两个参数都出现参数失配时的实验波形，由实验结果可知，所提出的鲁棒性方法可以将模型中存在误差的电感与磁链都快速地校正为准确值。图 4-36 展示了电感与磁链参数失配存在时，鲁棒双矢量 MPCC 的稳态电流波形。

综上，上述实验结果证明了所提出的鲁棒双矢量 MPCC 方法的正确性与有效性。

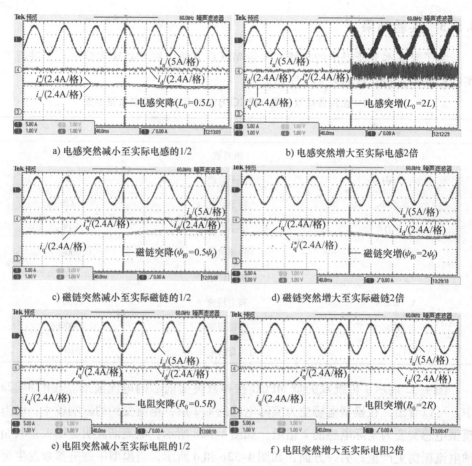

图 4-32 传统双矢量 MPCC 在模型参数失配发生时的相电流与 dq 轴电流实验波形

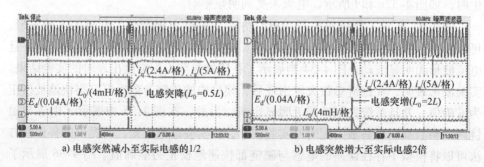

图 4-33 鲁棒双矢量 MPCC 在电感参数失配发生时的相电流、
q 轴电流、模型电感与 d 轴电流预测误差实验波形

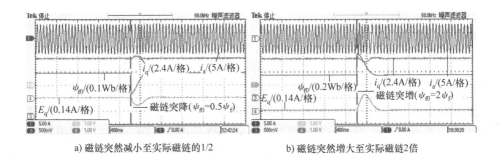

a) 磁链突然减小至实际磁链的1/2　　　　　b) 磁链突然增大至实际磁链2倍

图 4-34　鲁棒双矢量 MPCC 在磁链参数失配发生时的相电流、q 轴电流、
模型磁链与 q 轴电流预测误差实验波形

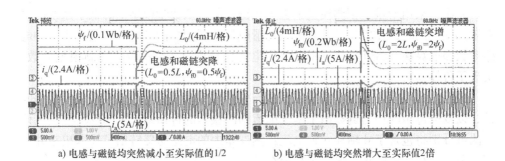

a) 电感与磁链均突然减小至实际值的1/2　　　b) 电感与磁链突然增大至实际值2倍

图 4-35　鲁棒双矢量 MPCC 在模型电感与磁链均发生参数失配时的相电流、
q 轴电流、模型电感与磁链实验波形

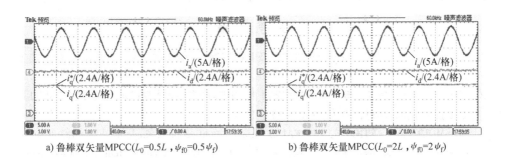

a) 鲁棒双矢量MPCC(L_0=0.5L , ψ_{f0}=0.5ψ_f)　　b) 鲁棒双矢量MPCC(L_0=2L , ψ_{f0}=2ψ_f)

图 4-36　鲁棒双矢量 MPCC 在模型电感与磁链突变条件下的相电流、
q 轴电流、模型电感与磁链稳态电流波形

4.6 本章小结

本章首先对传统 MPCC 的参数敏感性进行了分析，量化了电阻、电感和磁链参数对于预测电流所产生的误差。由参数敏感性分析可知，电阻参数误差对于系统影响较小，磁链误差和电感误差对于系统影响较大。为提升传统 MPCC 的参数鲁棒性，本章首先介绍了一种新型的 SMO + MPCC 方法，该方法可有效消除参数误差对于系统性能的影响。SMO + MPCC 方法通过建立的滑模观测器分别观测 d 轴与 q 轴扰动，并将扰动补偿到预测模型中，从而确保预测电流在参数失配时仍然准确。滑模观测器不仅可观测扰动，同时也可观测出电流，取代了传统的一拍延时补偿。

其次，采用增量式预测模型消去了磁链参数，从数学模型上降低了系统的参数敏感性。同时，在增量式预测模型与滑模扰动观测器的基础上，提出了一种电感参数提取算法，将 d 轴扰动中包含的电感信息进行实时提取并更新模型参数，实现了鲁棒运行。

最后，针对多矢量 MPCC 电流预测与矢量作用时间分配都依赖模型参数的问题，以双矢量 MPCC 为例提出了基于电流预测误差的鲁棒双矢量 MPCC 方法。该方法可分别将包含于 d 轴和 q 轴电流预测误差中的电感与磁链信息提取出来并对模型参数进行实时修正，保证了系统在参数发生失配时性能不受影响。

对本章中提出的三种鲁棒模型预测控制方法都进行了实验验证，并与传统 MPCC 方法进行了对比，实验结果证明了所提出的三种参数鲁棒性 MPCC 方法相比于传统 MPCC 方法有更好的控制性能与参数鲁棒性。

参 考 文 献

[1] 王庚. 永磁交流伺服系统电流预测控制及其电流静差消除算法 [D]. 哈尔滨：哈尔滨工业大学，2014.

[2] 史婷娜，刘华，陈炜，等. 考虑逆变器非线性因素的表贴式永磁同步电机参数辨识 [J]. 电工技术学报，2017，32 (7)：77 - 83.

[3] MASMOUDI M L, ETIEN E, MOREAU S, et al. Amplification of single mechanical fault signatures using full adaptive PMSM observer [J]. IEEE Transactions on Industrial Electronics, 2017, 64 (1): 615 - 623.

[4] XIA C, WANG M, SONG Z, et al. Robust model predictive current control of three – phase voltage source PWM rectifier with online disturbance observation [J]. IEEE Transactions on Industrial Informatics, 2012, 8 (3): 459 - 471.

[5] MWASILU F, JUNG J W. Enhanced fault – tolerant control of interior PMSMs based on an adaptive EKF for EV traction applications [J]. IEEE Transactions on Power Electronics, 2016, 31

（8）：5746 - 5758.

［6］KOMMURI S K, DEFOORT M, KARIMI H R, et al. A robust observer - based sensor fault - tolerant control for PMSM in electric vehicles ［J］. IEEE Transactions on Industrial Electronics, 2016, 63 （12）：7671 - 7681.

［7］刘博. 基于扰动观测的永磁同步电机电流预测控制研究 ［D］. 哈尔滨：哈尔滨工业大学, 2015.

［8］ZHANG X, HOU B, MEI Y. Deadbeat predictive current control of permanent - magnet synchronous motors with stator current and disturbance observer ［J］. IEEE Transactions on Power Electronics, 2017, 32 （5）：3818 - 3834.

［9］CARPIUC S C, LAZAR C. Fast real - time constrained predictive current control in permanent magnet synchronous machine - based automotive traction drives ［J］. IEEE Transactions on Transportation Electrification, 2015, 1 （4）：326 - 335.

［10］MWASILU F, NGUYEN H T, CHOI H H, et al. Finite set model predictive control of interior PM synchronous motor drives with an external disturbance rejection technique ［J］. IEEE/ASME Transactions on Mechatronics, 2017, 22 （2）：762 - 773.

［11］YU Y, MI Z, GUO X, et al. Low speed control and implementation of permanent magnet synchronous motor for mechanical elastic energy storage device with simultaneous variations of inertia and torque ［J］. IET Electric Power Applications, 2016, 10 （3）：172 - 180.

［12］YANG M, LANG X, LONG T, et al. Flux immunity robust predictive current control with incremental model and extended state observer for PMSM drive ［J］. IEEE Transactions on Power Electronics, 2017, 32 （12）：9267 - 9279.

［13］CHEN Z, QIU J, JIN M. Adaptive finite - control - set model predictive current control for IPMSM drives with inductance variation ［J］. IET Electric Power Applications, 2017, 11 （5）：874 - 884.

［14］汪琦, 王爽, 付俊永, 等. 基于模型参考自适应参数辨识的永磁同步电机电流预测控制 ［J］. 电机与控制应用, 2017, 44 （7）：48 - 53.

［15］ZHANG X G, ZHANG L, ZHANG Y C. Model predictive current control for PMSM drives with parameter robustness improvement ［J］. IEEE Transactions on Power Electronics, 2019, 34 （2）：1645 - 1657.

［16］ZHANG X G, ZHAO Z, CHENG Y. Robust model predictive current control based on inductance and flux linkage extraction algorithm ［J］. IEEE Transactions on Vehicular Technology, 2020, 69 （12）：14893 - 14902.

［17］GOLESTAN S, GUERRERO J M, GHAREHPETIAN G B. Five approaches to deal with problem of DC offset in phase - locked loop algorithms：design considerations and performance evaluations ［J］. IEEE Transactions on Power Electronics, 2016, 31 （1）：648 - 661.

［18］HWANG S H, KIM J M. Dead time compensation method for voltage - fed PWM inverter ［J］. IEEE Transactions on Energy Conversion, 2010, 25 （1）：1 - 10.

第5章

模型预测电压控制

在前几章的阐述中，模型预测电流控制的代价函数是基于电流误差进行设计的，模型预测转矩控制的代价函数是基于转矩误差与磁链误差的加权进行设计的。然而，无论是模型预测电流控制还是模型预测转矩控制，最终目的都是通过设计的代价函数选择下一时刻需要施加的最优电压矢量。因此，两种方法可以认为是通过电流或转矩/磁链等中间变量来间接实现最优电压矢量选择，因此可称为间接电压矢量选择的方法。

然而，在模型预测控制中为了更直观地进行电压矢量选择，本章给出模型预测电压控制理念[1]，从而实现对电压矢量的直接选择。在模型预测电压控制中，通过预测下一控制周期的期望电压矢量，将其作为所有电压矢量的参考电压来确定候选的电压矢量[3]，从而进一步选择最优电压矢量。模型预测电压控制通过构建基于电压的代价函数实现最优电压矢量选择，可以认为是一种直接电压选择方法。

本章首先将分析模型预测电压控制与模型预测电流控制的基本关系。

5.1 基于电流无差拍的模型预测电压控制与电流控制的关系

首先，根据式（3-5）可得出 $k+1$ 时刻的电压表达式为

$$\begin{cases} u_d(k+1) = Ri_d^p(k+1) + \dfrac{L}{T}\left[i_d(k+2) - i_d^p(k+1)\right] - L\omega_e i_q^p(k+1) \\ u_q(k+1) = Ri_q^p(k+1) + \dfrac{L}{T}\left[i_q(k+2) - i_q^p(k+1)\right] + L\omega_e i_q^p(k+1) + \omega_e \psi_f \end{cases}$$

$$(5-1)$$

基于电流无差拍控制原理[5]，为了使得预测电流 $i_d(k+2)$ 与 $i_q(k+2)$ 在下一控制周期达到参考电流值，即 $i_d(k+2) = i_d^*$、$i_q(k+2) = i_q^*$，式（5-1）可以改写为

$$\begin{cases} u_{dref}^* = Ri_d^p(k+1) + \dfrac{L}{T}\left[i_d^* - i_d^p(k+1)\right] - L\omega_e i_q^p(k+1) \\ u_{qref}^* = Ri_q^p(k+1) + \dfrac{L}{T}\left[i_q^* - i_q^p(k+1)\right] + L\omega_e i_d^p(k+1) + \omega_e \psi_f \end{cases}$$

$$(5-2)$$

式中，u_{dref}^* 和 u_{qref}^* 代表为下一控制周期 dq 轴的参考电压矢量。

将上述获得的 dq 轴参考电压矢量 u_{dref}^* 和 u_{qref}^* 经坐标变换可转换成 αβ 轴下参考电压 $u_{\mathrm{αref}}^*$ 和 $u_{\mathrm{βref}}^*$，具体表达式为

$$u_{\mathrm{ref}} = \begin{pmatrix} u_{\mathrm{αref}}^* \\ u_{\mathrm{βref}}^* \end{pmatrix} = \begin{pmatrix} \cos\theta & -\sin\theta \\ \sin\theta & \cos\theta \end{pmatrix} \begin{pmatrix} u_{\mathrm{dref}}^* \\ u_{\mathrm{qref}}^* \end{pmatrix} \tag{5-3}$$

因此，根据式（5-4）可计算出此电压矢量位置角为

$$\theta_{\mathrm{ref}} = \arctan\left(\frac{u_{\mathrm{βref}}^*}{u_{\mathrm{αref}}^*}\right) \tag{5-4}$$

在本节中，将整个电压矢量平面划分为 6 个扇区，如图 5-1 所示，根据计算的电压矢量位置角 u_{ref} 的数值可确定参考电压矢量所在扇区。扇区与候选电压矢量之间的关系如表 5-1 所示，在确定扇区后，相应的候选电压矢量也随之确定。从表 5-1 中可以看出，通过扇区来确定候选电压矢量可以使下一控制周期的候选电压矢量从原来的 8 减少到了 3。例如，当参考电压矢量位于扇区 I 时，根据表 5-1，下一控制时刻的最优电压矢量应从 u_1、u_0（或 u_7）和 u_2 中选择。

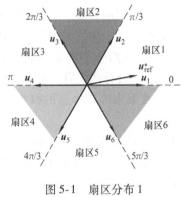

图 5-1　扇区分布 1

表 5-1　候选电压矢量与扇区位置的关系

扇区	下一控制周期的候选电压矢量
1	$u_{0,7}$、u_1、u_2
2	$u_{0,7}$、u_2、u_3
3	$u_{0,7}$、u_3、u_4
4	$u_{0,7}$、u_4、u_5
5	$u_{0,7}$、u_5、u_6
6	$u_{0,7}$、u_1、u_6

确定候选电压矢量以后，在模型预测电压控制中，以参考电压跟踪误差为控制变量，设计代价函数为

$$g = |u_{\mathrm{dref}}^* - u_{\mathrm{id}}| + |u_{\mathrm{qref}}^* - u_{\mathrm{iq}}| \tag{5-5}$$

式中，u_{id}、u_{iq} 为候选电压矢量的 dq 轴分量。

根据式（3-5），u_{id}、u_{iq} 可以表示为

$$\begin{cases} u_{\mathrm{id}} = Ri_{\mathrm{d}}^{\mathrm{p}}(k+1) + \dfrac{L}{T}[i_{\mathrm{d}}(k+2) - i_{\mathrm{d}}^{\mathrm{p}}(k+1)] - L\omega_{\mathrm{e}}i_{\mathrm{q}}^{\mathrm{p}}(k+1) \\ u_{\mathrm{iq}} = Ri_{\mathrm{q}}^{\mathrm{p}}(k+1) + \dfrac{L}{T}[i_{\mathrm{q}}(k+2) - i_{\mathrm{q}}^{\mathrm{p}}(k+1)] + L\omega_{\mathrm{e}}i_{\mathrm{d}}^{\mathrm{p}}(k+1) + \omega_{\mathrm{e}}\psi_{\mathrm{f}} \end{cases} \tag{5-6}$$

将式（5-2）与式（5-6）代入到式（5-5）中，可以得到

$$g = |u_{dref}^* - u_{id}| + |u_{qref}^* - u_{iq}|$$

$$= \frac{L}{T}(|i_d^* - i_d(k+2)| + |i_q^* - i_q(k+2)|) \tag{5-7}$$

式（5-7）表明，基于电流无差拍的模型预测电压控制方法等效于传统模型预测电流控制方法。然而，模型预测电压控制方法可基于扇区选择候选电压矢量，相对传统基于枚举的方法而言，该方法具有计算量小与更加简单直接的优势。

5.2 基于转矩磁链无差拍的模型预测电压控制（基于参考电压追踪的单矢量 MPTC）

由传统 PMSM 单矢量 MPTC 分析可知，在每个控制周期内需代入 7 个基本电压矢量对电磁转矩和定子磁链进行预测，并且需要对代价函数值进行排序以选择出最优基本电压矢量，计算量较大。对于单矢量 MPTC 来说，由于每个控制周期内只施加一个基本电压矢量，相电流波形和电磁转矩波形脉动较大，需要提高采样频率来保证系统控制效果。采样频率的提高会使控制周期缩短，而 MPTC 较大的计算量会面临在控制周期内计算不完的情况。另外，由于传统 MPTC 代价函数中转矩和磁链属于不同量纲，需要设计权重系数来平衡两个不同量纲的控制变量，实现控制系统的最优控制效果。但目前权重系数的设计还没有一种具有普遍意义的方法，实际应用中需要根据具体仿真和实验效果来确定合适的权重系数，此方法过程烦琐复杂，限制了 MPTC 方法的发展应用。

为了解决上述问题，本书提出一种基于参考电压追踪误差（Reference Voltage Tracking Error，RVTE）的 PMSM 模型预测转矩控制方法（MPTC + RVTE）。此方法需要用到转矩磁链无差拍（DBDTC）的控制原理。DBDTC 根据数学模型可推导出下一时刻所施加的 d 轴、q 轴参考电压矢量，通过坐标变换和角度计算可得此参考电压矢量所处位置。根据参考电压矢量的位置可缩小候选矢量的范围，由原来 7 个候选矢量减小到 2 个，大大减少了计算量。另外，重新设计代价函数，以参考电压跟踪误差为控制变量，将原来不同量纲统一为相同的电压量纲，无须权重系数设计。

5.2.1 转矩磁链无差拍的基本原理

转矩磁链无差拍（DBDTC）根据 PMSM 数学模型推导出参考电压矢量，利用 SVPWM 控制技术，调制出三相 PWM 波作用于逆变器，最终施加到电机，实现电磁转矩和定子磁链的跟踪。首先根据两相旋转坐标系下的 PMSM 数学模型，将磁链方程式（2-12）代入式（3-1）中，消除 PMSM 电压方程中的电流量并离散化可得：

$$\begin{cases} \psi_{\mathrm{d}}(k+1) = T_{\mathrm{s}}u_{\mathrm{d}}(k) + \psi_{\mathrm{d}}(k) + T_{\mathrm{s}}\omega(k)\psi_{\mathrm{q}}(k) - \dfrac{T_{\mathrm{s}}R}{L}[\psi_{\mathrm{d}}(k) - \psi_{\mathrm{f}}] \\[2mm] \psi_{\mathrm{q}}(k+1) = T_{\mathrm{s}}u_{\mathrm{q}}(k) + \psi_{\mathrm{q}}(k) - T_{\mathrm{s}}\omega(k)\psi_{\mathrm{d}}(k) - \dfrac{T_{\mathrm{s}}R}{L}\psi_{\mathrm{q}}(k) \end{cases} \tag{5-8}$$

式中，T_{s} 为开关周期。

同理，将式（2-12）代入式（2-13）中，消除 PMSM 转矩方程中的电流量并离散化可得：

$$T_{\mathrm{e}}(k+1) - T_{\mathrm{e}}(k) = \frac{3}{2}p\frac{\psi_{\mathrm{f}}}{L}[\psi_{\mathrm{q}}(k+1) - \psi_{\mathrm{q}}(k)] \tag{5-9}$$

将式（5-8）和式（5-9）联立整理可得：

$$u_{\mathrm{q}}(k)T_{\mathrm{s}} = B \tag{5-10}$$

式中，$B = \dfrac{2L}{3p\psi_{\mathrm{f}}}[T_{\mathrm{e}}(k+1) - T_{\mathrm{e}}(k)] + \dfrac{T_{\mathrm{s}}R\psi_{\mathrm{q}}(k)}{L} + T_{\mathrm{s}}\omega(k)\psi_{\mathrm{d}}(k)$，令 $T_{\mathrm{e}}(k+1) = T_{\mathrm{e}}^{*}$ 可实现在一个周期内跟踪参考转矩。

由式（5-8）可得定子磁链幅值为

$$\psi_{\mathrm{s}}^{2}(k+1) = \psi_{\mathrm{d}}^{2}(k+1) + \psi_{\mathrm{q}}^{2}(k+1)$$

$$= \left[T_{\mathrm{s}}u_{\mathrm{d}}(k) + \psi_{\mathrm{d}}(k) + T_{\mathrm{s}}\omega(k)\psi_{\mathrm{q}}(k) - \frac{T_{\mathrm{s}}R}{L}(\psi_{\mathrm{d}}(k) - \psi_{\mathrm{f}}) \right]^{2} +$$

$$\left[T_{\mathrm{s}}u_{\mathrm{q}}(k) + \psi_{\mathrm{q}}(k) - T_{\mathrm{s}}\omega(k)\psi_{\mathrm{d}}(k) - \frac{T_{\mathrm{s}}R}{L}\psi_{\mathrm{q}}(k) \right]^{2} \tag{5-11}$$

式中，ψ_{s} 为定子磁链。令 $\psi_{\mathrm{s}}(k+1) = \psi_{\mathrm{s}}^{*}$ 可实现在一个周期内跟踪参考磁链。

联立式（5-10）和式（5-11）可得最终参考电压矢量为

$$\begin{cases} u_{\mathrm{d}}^{*} = \dfrac{-X_{1} \pm \sqrt{X_{1}^{2} - X_{2}}}{T_{\mathrm{s}}} \\[3mm] u_{\mathrm{q}}^{*} = \dfrac{B}{T_{\mathrm{s}}} \end{cases} \tag{5-12}$$

式中，$X_{1} = \psi_{\mathrm{d}}(k) + T_{\mathrm{s}}\omega(k)\psi_{\mathrm{q}}(k) - \dfrac{T_{\mathrm{s}}R}{L}(\psi_{\mathrm{d}} - \psi_{\mathrm{f}})$；

$$X_{2} = B^{2} + 2B\left[\psi_{\mathrm{q}}(k) - T_{\mathrm{s}}\omega(k)\psi_{\mathrm{d}}(k) - \frac{T_{\mathrm{s}}R}{L}\psi_{\mathrm{q}}(k) \right] + \left[1 + T_{\mathrm{s}}^{2}\omega^{2}(k) - \frac{2T_{\mathrm{s}}R}{L} + \frac{T_{\mathrm{s}}^{2}R^{2}}{L^{2}} \right] \cdot$$

$$\left[\psi_{\mathrm{d}}^{2}(k) + \psi_{\mathrm{q}}^{2}(k) \right] + \frac{T_{\mathrm{s}}R}{L}\psi_{\mathrm{f}}\left[\frac{T_{\mathrm{s}}R}{L}\psi_{\mathrm{f}} + 2\psi_{\mathrm{d}}(k) + 2T_{\mathrm{s}}\omega(k)\psi_{\mathrm{q}}(k) - \frac{2T_{\mathrm{s}}R}{L}\psi_{\mathrm{d}}(k) \right] - (\psi_{\mathrm{s}}^{*})^{2}。$$

DBDTC 原理框图如图 5-2 所示，利用给定转速与反馈转速差经过 PI 调节得到转矩参考值 T_{e}^{*}，根据式（5-13）最大转矩电流比（Maximum Torque Per Ampere, MTPA）计算出磁链参考值[2]，通过电流采样得到三相电流，经坐标变换成旋转坐

标系下的电流 i_d、i_q，并计算出 ψ_d、ψ_q 和 T_e，将以上参数代入式（5-12）计算可得 d 轴、q 轴电压参考矢量 $\boldsymbol{u}_d^*$、$\boldsymbol{u}_q^*$，最终经 SVPWM 作用于三相逆变器。

$$\psi_s^* = \sqrt{\psi_f^2 + \left(L\,\dfrac{T_e^*}{\frac{3}{2}p\psi_f}\right)^2} \tag{5-13}$$

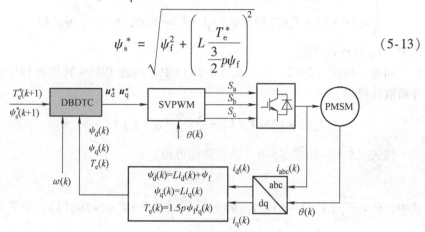

图 5-2 无差拍直接转矩控制原理框图

5.2.2 基于转矩磁链无差拍的模型预测电压控制

1. 参考电压预测

为了消除控制延时带来的负面影响，参考电压预测需经过一拍延时补偿。经过一拍延时补偿后，式（5-8）改写为

$$\begin{cases} \psi_d(k+2) = T_s u_d(k+1) + \psi_d(k+1) + T_s\omega\psi_q(k+1) - \dfrac{T_s R}{L}\big[\psi_d(k+1) - \psi_f\big] \\[2mm] \psi_q(k+2) = T_s u_q(k+1) + \psi_q(k+1) + T_s\omega\psi_d(k+1) - \dfrac{T_s R}{L}\psi_q(k+1) \end{cases}$$

$$\tag{5-14}$$

式（5-9）经过一拍延时补偿后改写为

$$T_e(k+2) - T_e(k+1) = \frac{3}{2}p\,\frac{\psi_f}{L}\big[\psi_q(k+2) - \psi_q(k+1)\big] \tag{5-15}$$

电磁转矩与电压矢量关系式（5-10）改写为

$$u_q(k+1)T_s = B \tag{5-16}$$

式中，$B = \dfrac{2L}{3p\psi_f}\big[T_e(k+2) - T_e(k+1)\big] + \dfrac{T_s R\psi_q(k+1)}{L} + T_s\omega\psi_d(k+1)$。

忽略式（5-14）中的电阻项，可得式（5-17）：

$$\begin{aligned} \psi_s^2(k+2) &= \psi_d^2(k+2) + \psi_q^2(k+2) \\ &= \big[T_s u_d(k+1) + \psi_d(k+1) + T_s\omega\psi_q(k+1)\big]^2 + \\ &\quad \big[T_s u_q(k+1) + \psi_q(k+1) - T_s\omega\psi_d(k+1)\big]^2 \end{aligned} \tag{5-17}$$

根据 DBDTC 的基本原理，在一个周期内实现对电磁转矩和定子磁链的跟踪，故令 $T_e(k+2) = T_e^*$，$\psi_s(k+2) = \psi_s^*$。式 (5-16) 和式 (5-17) 联立可得 $k+1$ 时刻参考电压矢量为

$$\begin{cases} u_d^*(k+1) = \dfrac{-X_1 \pm \sqrt{X_1^2 - X_2}}{T_s} \\ u_q^*(k+1) = \dfrac{B}{T_s} \end{cases} \tag{5-18}$$

式中，$X_1 = \psi_d(k+1) + \omega\psi_q(k+1)T_s$；

$X_2 = B^2 + 2B[\psi_q(k+1) - \omega\psi_d(k+1)T_s] + \psi_d(k+1)^2 + \psi_q(k+1)^2 + \omega^2 T_s^2 [\psi_d(k+1)^2 + \psi_q(k+1)^2] - (\psi_s^*)^2$。

由式 (5-18) 根据 DBDTC 原理可求出 $k+1$ 时刻参考电压矢量，经过坐标变换和角度计算可得参考电压矢量所处位置，根据扇区分布可缩小候选矢量的范围，从而实现减小计算量的目的[4]。

2. 最优电压矢量遴选与权重系数消除

根据式 (5-18) 可预测出 $k+1$ 时刻的参考电压矢量，将此参考电压矢量 $\boldsymbol{u}_d^*(k+1)$ 和 $\boldsymbol{u}_q^*(k+1)$ 经坐标变换成 α 轴、β 轴下的 $u_\alpha^*(k+1)$ 和 $u_\beta^*(k+1)$，并根据下式可计算出此电压矢量位置角为

$$\sigma = \arctan\left[\frac{u_\beta^*(k+1)}{u_\alpha^*(k+1)}\right] \tag{5-19}$$

根据式 (5-19) 所计算出的 σ 以及图 5-3 所示的扇区分布，可知参考电压矢量所处的扇区。根据扇区分布图可知每个扇区中只包含两个基本电压矢量（非零矢量和零矢量），故候选电压矢量由原来 7 个减少到 2 个。例如图 5-3 所示参考电压矢量所在扇区为 1，在扇区 1 中所需代入代价函数进行计算的两个基本电压矢量为非零矢量 $\boldsymbol{u}_1$ 与零矢量 $\boldsymbol{u}_0$。

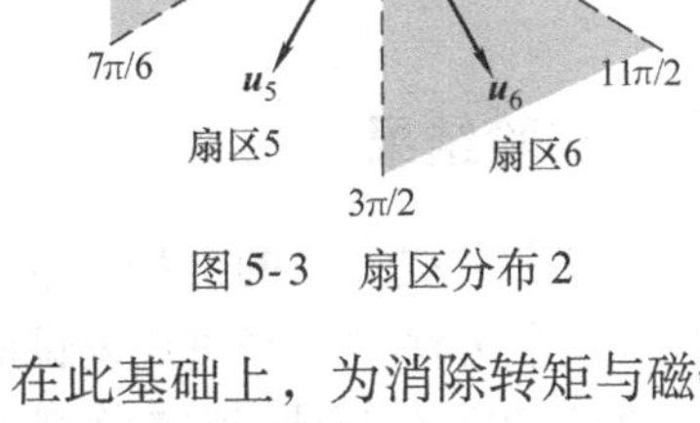

图 5-3　扇区分布 2

通过判断参考电压矢量所处扇区可显著减少候选矢量个数从而降低 MPTC 计算量。在此基础上，为消除转矩与磁链间的权重系数，以参考电压跟踪误差为控制变量取代传统转矩误差与磁链误差，从而构成新的代价函数，具体公式如下：

$$g = |\boldsymbol{u}_s^{\mathrm{ref}} - \boldsymbol{u}_s^{\mathrm{i}}| \tag{5-20}$$

式中，$\boldsymbol{u}_s^{\mathrm{ref}} = \begin{bmatrix} u_\alpha^*(k+1) \\ u_\beta^*(k+1) \end{bmatrix}$；$\boldsymbol{u}_s^{\mathrm{i}}$ 为参考电压矢量所在扇区的两个待选电压矢量。

式 (5-20) 表示的代价函数中控制变量同为电压量，属于同一量纲，无须权重系数设计。通过对代价函数值 g 进行排序可选择出与参考电压矢量最接近的候选基本电压矢量，此基本电压矢量即最优电压矢量。

综上可知，本章所提出的单矢量 MPTC + RVTE 方法，一方面可显著减小传统 MPTC 计算量；另一方面无须复杂的权重系数设计，控制系统更加简单。所提出的 MPTC + RVTE 控制原理框图如图 5-4 所示。

MPTC + RVTE 控制策略具体实施步骤可概括如下：

（1）对 k 时刻采样电流 $i_s(k)$ 进行一拍延时补偿得到 $i_s(k+1)$；

（2）将一拍延时后的电流 $i_s(k+1)$ 代入式 (2-12) 与式 (2-13) 中预测定子磁链和电磁转矩，并将磁链和转矩预测值代入式 (5-18) 中预测参考电压矢量 u_s^{ref}；

（3）计算参考电压矢量 u_s^{ref} 的位置角，判断其所在扇区，选择此扇区中的非零矢量与零矢量分别代入式 (5-20) 表示的代价函数，计算代价函数值 g 并进行排序，选择出使 g 值最小的基本电压矢量为最优电压矢量。

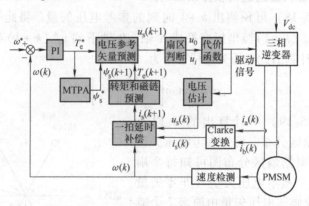

图 5-4　MPTC + RVTE 控制原理框图

5.2.3　实验结果

为了证明所提方法的优势，进行了实验验证，实验采样频率为 15kHz。在传统 MPTC 控制方法中，经过反复试验并对比试验效果，选择权重系数 150 为最优值，其低速 200r/min 带额定负载时的稳态实验波形如图 5-5 与图 5-7 所示。图 5-6 和图 5-8 是所提出 MPTC + RVTE 方法的实验波形。通过图 5-6 所示定子磁链、电磁转矩、相电流波形和图 5-8 所示相电流 THD 分析可知，MPTC + RVTE 控制效果与传统 MPTC 在最优权重系数下的稳态控制效果相似。图 5-9 是两种控制方法在高速 2000r/min 带额定负载时的稳态波形，同样可以得到以上结论。

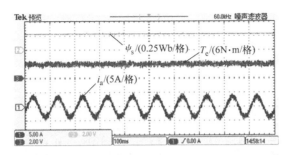

图 5-5　电机在转速 200r/min 带额定负载时传统 MPTC 方法在权重系数 150 时的实验结果

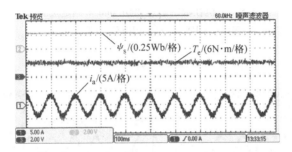

图 5-6　电机在转速 200r/min 带额定负载时 MPTC + RVTE 方法的实验结果

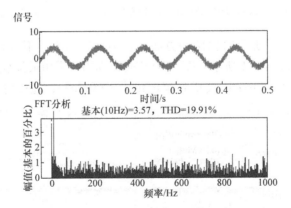

图 5-7　电机在转速 200r/min 带额定负载时传统 MPTC 方法
在权重系数 150 时相电流 THD 分析

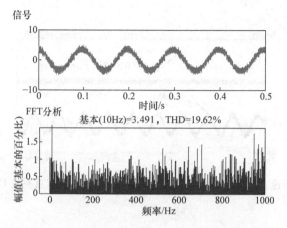

图 5-8 电机在额定转速 200r/min 带额定负载时
MPTC + RVTE 方法相电流 THD 分析

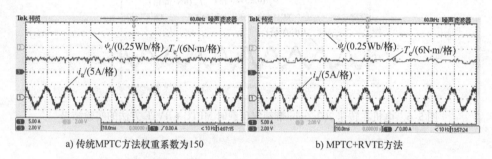

a) 传统MPTC方法权重系数为150   b) MPTC+RVTE方法

图 5-9 电机在额定转速 2000r/min 带额定负载时两种控制方法实验结果

另一方面，为了充分对比两种方法，在两种控制方法下进行了动态性能测试，如图 5-10 和图 5-11 所示。图 5-10 中传统 MPTC 采用最优权重系数 $A = 150$，电机空载时转速由 500r/min 突增到额定转速 2000r/min，通过对比图 5-10a 与 b

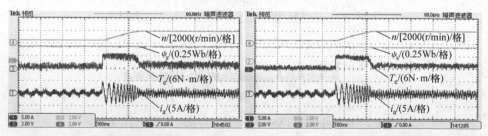

a) 传统MPTC权重150转速突变时电机转速、定子磁链、   b) MPTC+RVTE方法转速突变时电机转速、定子磁链、
电磁转矩和相电流实验波形   电磁转矩和相电流实验波形

图 5-10 电机在空载转速 500r/min 突增到额定转速 2000r/min 时两种控制方法动态响应实验结果

可以看出两种控制方法在转速突变时控制效果相似。图 5-11 中传统 MPTC 同样采用 $A=150$，电机在额定转速 2000r/min 时负载转矩由空载突增到额定负载，图 5-11a 与 b 对比可知，两种控制方法在转矩突变时控制效果相似，通过转速和转矩突变实验，说明 MPTC + RVTE 控制效果与传统 MPTC 在最优权重系数下的动态控制效果相似。

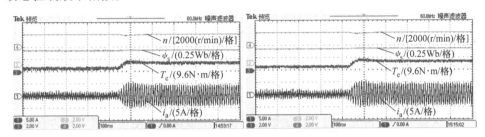

a) 传统MPTC权重150负载突变时电机转速、定子磁链、电磁转矩和相电流实验波形　　b) MPTC+RVTE方法负载突变时电机转速、定子磁链、电磁转矩和相电流实验波形

图 5-11　电机在额定转速 2000r/min 空载突增到额定负载时两种控制方法动态响应实验结果

通过以上实验结果，我们可以清楚地看到所提出的 MPTC + RVTE 方法相对于传统 MPTC 方法具有明显的无权重系数的优势。最后为了说明 MPTC + RVTE 方法的计算量显著减少的优点，记录了两种控制方法程序运行时间，如表 5-2 所示。MPTC + RVTE 方法的程序运行时间比传统 MPTC 减小了 5.09μs，本实验采用单步预测方法，若采用多步预测，MPTC + RVTE 方法优势将更加明显。

综上所述，实验结果充分说明了所提出的 MPTC + RVTE 方法的优越性。

表 5-2　程序运行时间

方法	传统 MPTC	MPTC + RVTE
时间/μs	70. 13	65. 04
待选矢量范围	7	2
时间减少/μs	5. 09	

5.3　基于转矩磁链无差拍的模型预测电压控制（基于参考电压追踪的双矢量 MPTC）

单矢量 MPTC 在一个周期内只作用一个电压矢量，有可能电压矢量作用时间不到一个周期就可以实现定子磁链和电磁转矩的跟踪，但是由于电压矢量要作用于整个周期，所以会出现过调节现象。同理，当电压矢量作用于整个周期还未实现定子磁链和电磁转矩的跟踪，就有可能出现欠调节的现象，过调节和欠调节都会导致电磁转矩出现较大的脉动。为了解决单矢量 MPTC 电磁转矩脉动大的问题，可以在一个周期内作用两个矢量，也就是双矢量 MPTC。双矢量 MPTC 有效抑制了过调节和欠调节的现象，使定子磁链矢量轨迹更接近于圆形，所以电磁转矩脉动会大大减小。

双矢量 MPTC 与单矢量 MPTC 一样，都有权重系数设计和计算量大的问题，而且由于双矢量 MPTC 一个周期作用两个矢量，需要计算每个矢量在一个周期内的作用时间，又会增加计算量，所以更有必要进行控制方法优化。本节将基于参考电压追踪误差的单矢量 MPTC 的方法扩展到双矢量 MPTC，同样可以减小双矢量 MPTC 计算量和消除权重系数。

5.3.1 双矢量 MPTC 基本原理

双矢量 MPTC 首先通过代价函数选择出一个最优基本电压矢量，称为有效矢量，而第二矢量选择固定的零矢量，可以有效抑制电磁转矩脉动。但是此方法的第二矢量仍为固定零矢量，为了进一步优化控制性能，第二矢量的选择也可以是 7 个基本电压矢量的其中一个。

1. 第二矢量为零矢量

首先介绍第二矢量为固定零矢量的控制原理，原理框图如图 5-12 所示，速度环经过 PI 调节产生电磁转矩参考值，利用最大转矩电流比（MTPA）方法和电磁转矩参考值计算得出定子磁链参考值 [式 (5-13)]。同时，根据当前时刻的检测电流、电角度和估计电压预测出下一时刻的电流 $i_s(k+1)$，补偿一拍控制延时。在其基础上，将 7 个基本电压矢量依次代入占空比计算公式中得到电压矢量作用时间，将电压矢量作用时间和 7 个基本电压矢量再代入电磁转矩和定子磁链预测方程中，对各个矢量作用下的电磁转矩和定子磁链进行预测，即预测 $T_e(k+2)$ 和 $\psi_s(k+2)$。将预测的电磁转矩和定子磁链代入代价函数中进行计算，选取使代价函数最小的矢量为最优电压矢量，通过三相逆变器输出并作用于永磁

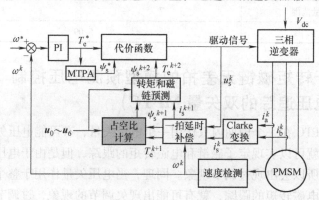

图 5-12 第二矢量为固定零矢量控制原理框图

同步电机。

双矢量 MPTC 中第一个电压矢量的选择与单矢量 MPTC 原理相同，本节主要介绍双矢量作用时间的计算。电压矢量作用时间的计算有多种方法，比如转矩无差拍、平均转矩控制以及转矩脉动最小等方法，本文主要采用转矩脉动最小的方法来计算电压矢量作用的时间。

根据 PMSM 数学模型中的转矩公式（2-14），求导可得：

$$\frac{\mathrm{d}T_{\mathrm{e}}}{\mathrm{d}t} = \frac{3}{2}p\psi_{\mathrm{f}}\frac{\mathrm{d}i_{\mathrm{q}}}{\mathrm{d}t} \tag{5-21}$$

根据电压方程式（2-11）和磁链方程式（2-12）可得电流的微分，代入式（5-21）中：

$$\frac{\mathrm{d}T_{\mathrm{e}}}{\mathrm{d}t} = \frac{3}{2}p\psi_{\mathrm{f}}\frac{1}{L}\left(-Ri_{\mathrm{q}} - \omega Li_{\mathrm{d}} - \omega\psi_{\mathrm{f}} + u_{\mathrm{q}}\right) \tag{5-22}$$

式（5-22）为第一个有效矢量作用时的转矩斜率，记做 S_1。同理，将第二个零矢量带入上式（5-22）中求取转矩斜率记做 S_2，具体如下：

$$\frac{\mathrm{d}T_{\mathrm{e}}}{\mathrm{d}t} = \frac{3}{2}p\psi_{\mathrm{f}}\frac{1}{L}\left(-Ri_{\mathrm{q}} - \omega Li_{\mathrm{d}} - \omega\psi_{\mathrm{f}}\right) \tag{5-23}$$

转矩脉动最小方法具体公式如下：

$$\frac{1}{T_{\mathrm{s}}}\int_{kT_{\mathrm{s}}}^{(k+1)T_{\mathrm{s}}}\left(T_{\mathrm{e}} - T_{\mathrm{e}}^{*}\right)^2\mathrm{d}t \tag{5-24}$$

转矩脉动最小，即式（5-24）的解趋于最小，以此为原则求解可得：

$$t_1 = \frac{2(T_{\mathrm{e}}^{*} - T_0) - S_2 t_{\mathrm{s}}}{2S_1 - S_2} \tag{5-25}$$

式中，t_1 为第一个有效矢量作用时间；T_0 为初始转矩，这里用 MPTC 预测出的下一时刻转矩代替。

由式（5-25）求得第一个有效矢量作用时间为 t_1，那么第二个矢量（零矢量）作用时间为 $t_2 = T_{\mathrm{s}} - t_1$。值得注意的是，零矢量的选择需要根据开关损耗最小的原则，例如第一矢量选择的是（1 1 0），那么零矢量应选择（1 1 1）而不是（0 0 0）。已知两个电压矢量作用时间，可通过 PWM 方法调制出开关信号作用于逆变器，最终施加到电机上，具体步骤如下：

1）利用上一时刻所施加的有效电压矢量和作用时间的乘积代入式（3-7）中对 $k+1$ 时刻的电流进行预测，补偿一拍延时；

2）将 7 个基本电压矢量与其作用时间 t_1 相乘依次代入公式（3-7）中，预测各个电压矢量所对应的 $k+2$ 时刻定子电流 $i_{\mathrm{s}}(k+2)$；

3）将 $i_{\mathrm{s}}(k+2)$ 代入式（2-7）和式（2-8）中以计算电磁转矩和定子磁链预测值；

4）最后将预测的转矩和磁链代入代价函数中计算出相应的函数值 g，并对各个基本电压矢量作用下所对应的 g 值进行排序，遴选出使 g 最小的那个基本电压矢量和作用时间施加到电机上。

2. 第二矢量为任意矢量

在上节中双矢量 MPTC 的第二矢量固定为零矢量，虽然可以显著减小电磁转矩和定子磁链脉动，但第二矢量为零矢量并非是最优矢量，第二个作用矢量也应在 7 个电压矢量中遴选得出，本文为了与固定零矢量区分，称此方法的第二矢量为任意矢量。

第二矢量为任意矢量的原理与第二矢量为零矢量的原理基本相同，在此不再赘述。需要说明的是两种控制方法对计算电压矢量作用时间有所不同。对于第二矢量为任意矢量，假设第一个作用的电压矢量为 u_{one}，作用时间为 t_{one}，根据式（5-22）可得出第一电压矢量作用下所对应的转矩斜率，假设为 f_{one}。同理，第二个电压矢量为 u_{two}，作用时间为 t_{two}，所对应转矩斜率为 f_{two}。根据转矩脉动最小方法可得：

$$\begin{cases} t_{one} = \dfrac{2(T_e^* - T_e) - f_{two}T_s}{2f_{one} - f_{two}} \\[3mm] t_{two} = \dfrac{2(T_e^* - T_e) - f_{one}T_s}{2f_{two} - f_{one}} \end{cases} \tag{5-26}$$

根据上式两个电压矢量的作用时间，即可通过 PWM 方法调制出电压矢量作用于电机。第二矢量为任意矢量的控制方法实施的具体步骤如下：

1）利用上一时刻所施加的电压矢量和作用时间的乘积（$u_{one}t_{one} + u_{two}t_{two}$）代入式（3-7）中对 $k+1$ 时刻的电流进行预测，补偿一拍延时；

2）7 个基本电压矢量与其作用时间 t_{one} 相乘，即 $u_{one}^{0\sim6}t_{one}^{0\sim6}$ 为第一作用电压矢量，7 个基本电压矢量与 t_{two} 相乘，即 $u_{two}^{0\sim6}t_{two}^{0\sim6}$ 为第二作用电压矢量，两种电压矢量作用共有 49 种组合，将此 49 种组合的电压矢量（$u_{one}^{0\sim6}t_{one}^{0\sim6} + u_{two}^{0\sim6}t_{two}^{0\sim6}$）依次代入式（3-7）中，预测各个电压矢量所对应的 $k+2$ 时刻定子电流 $i_s(k+2)$；

3）将 $i_s(k+2)$ 代入式（2-7）和式（2-8）中以计算电磁转矩和定子磁链预测值；

4）最后将预测的转矩和磁链代入代价函数中计算出相应的函数值 g，并进行排序，遴选出使 g 最小的电压矢量组合施加到电机上。

5.3.2 基于参考电压追踪误差的双矢量 MPTC 方法

根据上节所述，双矢量 MPTC 同样有计算量大的问题，尤其是第二矢量为任意矢量的控制方法有 49 种电压组合，计算量太大，所以有必要进行减小计算量的优化。另外，双矢量 MPTC 同样是对转矩与磁链的控制，代价函数中也需要权重系数的设计，所以 RVTE 方法同样可以扩展应用在双矢量 MPTC 中。

为了便于区分和描述，本书对于基于 RVTE 的双矢量 MPTC，将第二矢量为零矢量的方法定义为 MPTC – I + RVTE，将第二矢量为任意矢量的方法定义为 MPTC – II + RVTE。MPTC – I + RVTE 和 MPTC – II + RVTE 控制原理基本相同，以 MPTC – I + RVTE 方法为例，控制原理框图如图 5-13 所示。

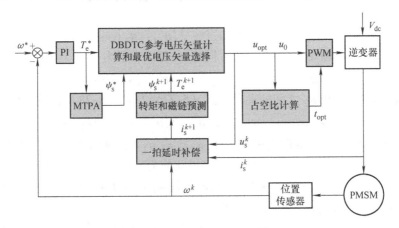

图 5-13　MPTC – I + RVTE 控制原理框图

原理框图主要包括以下几个部分，DBDTC 参考电压预测、扇区选择、转矩和磁链预测、一拍延时补偿、电压矢量作用时间计算、代价函数去权重系数。另外，参考转矩 T_e^* 由转速环 PI 输出得到，参考磁链 ψ_s^* 是利用最大转矩电流比（MTPA）计算得到的。

本节主要证明通过参考电压矢量计算和扇区判断所遴选出的电压矢量为最优电压矢量，另外，详细说明 MPTC – II 减小计算量的过程。

以 MPTC – I 为例，来证明 RVTE 方法所选电压矢量为最优电压矢量。MPTC – I + RVTE 控制过程分为两部分，一是有效矢量的遴选和矢量作用时间计算；二是周期剩余时间作用非零矢量。因此遴选出第一个最优电压矢量是关键问题。为了遴选最优电压矢量，将 6 个有效电压矢量所在位置分成 6 个扇区，如图 5-14 所示，每一个扇区都只包含一个非零矢量，根据计算的参考电压矢量位置角，可得出参考电压矢量所处的扇区，由此选出第一个最优电压矢量。比如，参考电压矢量

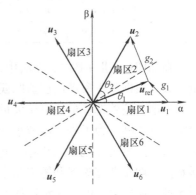

图 5-14　第一个电压矢量选择原理

u_{ref} 位于扇区 1，如图 5-14 所示，第一个最优电压矢量选择电压矢量 u_1，即电压矢量 u_1 可使代价函数 g 值最小。

为了证明 u_1 是最优电压矢量，选择 u_2 作为对比代入代价函数式（5-20）中计算 g 值。参考电压矢量 u_{ref} 和 u_1 的差值定义为 $g_1 = |u_{ref} - u_1|$，u_{ref} 和 u_2 的差值定义为 $g_2 = |u_{ref} - u_2|$。如图 5-14 所示，u_{ref}、u_1 和 g_1 构成了一个三角形，根据余弦定理可知：

$$g_1^2 = |u_{ref}|^2 + |u_1|^2 - 2|u_{ref}||u_1|\cos\theta_1 \tag{5-27}$$

式中，θ_1 代表 u_{ref} 和 u_1 之间的夹角。同理 g_2 可以表示为

$$g_2^2 = |u_{ref}|^2 + |u_2|^2 - 2|u_{ref}||u_2|\cos\theta_2 \tag{5-28}$$

式中，θ_2 代表 u_{ref} 和 u_2 之间的夹角。式（5-27）与式（5-28）相减可得：

$$g_1^2 - g_2^2 = |u_1|^2 - |u_2|^2 - 2|u_{ref}|(|u_1|\cos\theta_1 - |u_2|\cos\theta_2) \tag{5-29}$$

式中，6 个非零电压矢量幅值相等，即 $|u_1|^2 = |u_2|^2$，又因 $\theta_1 < \theta_2$，余弦函数在 $0 \sim 180°$ 范围内单调递减，式（5-29）可以化简为

$$g_1^2 - g_2^2 = -2|u_{ref}||u_1|(\cos\theta_1 - \cos\theta_2) < 0 \tag{5-30}$$

根据二次方差公式与式（5-30）可得：

$$g_1^2 - g_2^2 = (g_1 + g_2)(g_1 - g_2) < 0 \tag{5-31}$$

由式（5-31）可得 $g_1 < g_2$，说明相比于 u_2，u_1 更接近参考电压矢量 u_{ref}。同理可证，u_1 相比于其他电压矢量所得 g_1 为最小值，即 u_1 为最优电压矢量。因此根据参考电压所在扇区位置的方法可遴选出最优电压矢量，最优电压矢量与扇区的关系如表 5-3 所示，通过参考电压所处扇区来选择最优电压矢量，缩小了选择的范围，大大减小了计算量。

表 5-3   扇区分布和电压矢量的选择

扇区	1	2	3	4	5	6
电压矢量	u_0, u_1	u_0, u_2	u_0, u_3	u_0, u_4	u_0, u_5	u_0, u_6
开关状态	000, 100	000, 110	000, 010	000, 011	000, 001	000, 101

在 MPTC – Ⅱ + RVTE 方法中，49 种电压组合意味着 49 次循环计算，计算量太大，根据基于参考电压追踪误差的理论，第一矢量选择同样根据参考电压矢量所处扇区位置选择最优电压矢量，可以大大减小计算量，但是第二电压矢量选择依然有 7 种，为了进一步减小计算量，同样可以根据第一电压矢量所处位置，减小第二矢量选择范围。当第一电压矢量 u_{1opt} 确定后，第二电压矢量只需在相邻 u_{1opt} 的两个非零矢量和零矢量中选择，即第二电压矢量的选择范围从 7 种减少到 3 种。比如第一电压矢量选择 u_i $(i = 0, 1, \cdots, 6)$，第二电压矢量在非零矢量 u_{i-1}、u_{i+1} 和零矢量 $u_{0,7}$ 中选择。本文利用参考电压矢量所在扇区位置可以将 3 种候选矢量减少到 2 种，又进一步减少了计算量，具体方法如下：

1）如果参考电压矢量位于扇区 1 的中线位置，如图 5-15 所示的 u_{ref1}，2 种候选矢量包括非零矢量 u_2（或 u_6）和零矢量 u_0 需要代入代价函数中计算 g 值。因为在这种情况下，u_{ref1} 与 u_2、u_6 所计算出的 $g_{\mathrm{ref12}} = |u_{\mathrm{ref1}} - u_2|$、$g_{\mathrm{ref16}} = |u_{\mathrm{ref1}} - u_6|$ 相等，即有相同的控制效果；

2）如果参考电压矢量位于扇区 1 的上半部分 S_{1up}，如图 5-15 所示 u_{ref2}，2 种候选矢量包括非零矢量 u_2 和零矢量 u_0 需代入代价函数计算 g 值。这里不需要考虑 u_6，因为 u_{ref2} 与 u_2 所计算出的 $g_{\mathrm{ref22}} = |u_{\mathrm{ref2}} - u_2|$，小于 u_{ref2} 与 u_6 计算出的 $g_{\mathrm{ref26}} = |u_{\mathrm{ref2}} - u_6|$；

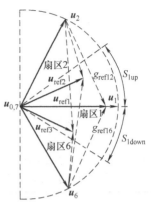

3）如果参考电压矢量位于扇区 1 的下半部分 S_{1down}，如图 5-15 所示 u_{ref3}，2 种候选矢量包括非零矢量 u_6 和零矢量 u_0 需代入代价函数计算 g 值。这里不需要考虑 u_2，因为 u_{ref2} 与 u_6 所计算出的 $g_{\mathrm{ref26}} = |u_{\mathrm{ref2}} - u_6|$，小于 u_{ref2} 与 u_2 计算出的 $g_{\mathrm{ref22}} = |u_{\mathrm{ref2}} - u_2|$。

图 5-15　第二矢量选择原理

5.3.3　仿真和实验结果

1. 仿真结果

为了验证基于 RVTE 的双矢量 MPTC 方法的正确性和有效性，对 MPTC – Ⅰ、MPTC – Ⅰ + RVTE 和 MPTC – Ⅱ + RVTE 进行了仿真验证，仿真采样频率为 20kHz，PMSM 仿真和实验参数如表 5-4 所示。MPTC – Ⅰ 在不同权重系数下的仿真结果如图 5-16a 所示，按照电磁转矩和定子磁链同等重要的设计原则，权重系数应为 20.25，然而在图 5-16a 中 0.1 ~ 0.2s 的仿真波形可以看出，相电流和定子磁链的脉动较大，控制效果并不理想。随着权重系数的增加，控制效果也越来越好，当权重系数为 150 时，电磁转矩和定子磁链较为平滑，相电流谐波含量较少，控制效果也最理想。但是当权重系数继续增大到 800，控制效果变差；另一方面，当权重系数从 20.25 减小到 5，电磁转矩和定子磁链脉动更大，控制效果更差。以上说明权重系数对 MPTC 的控制效果影响较大，因此为了获得较好的控制效果，MPTC – Ⅰ 需要通过大量重复实验来选择出最优权重系数。不同于 MPTC – Ⅰ，所提出的 MPTC – Ⅰ + RVTE 和 MPTC – Ⅱ + RVTE 重新构建代价函数，将代价函数中的控制变量统一为电压量，消除了权重系数，MPTC – Ⅰ + RVTE 和 MPTC – Ⅱ + RVTE 的控制效果如图 5-16b 和 c 所示。从图 5-16a 和 b 可以看出，当 MPTC – Ⅰ 选用最优权重系数 $A = 150$ 时的控制效果与 MPTC – Ⅰ + RVTE 的控制效果相似，但是 MPTC – Ⅰ + RVTE 省去了复杂的权重系数设计，对实际应用来说是巨大的优势。通过图 5-16b 和 c 可以看出，MPTC－Ⅰ+RVTE 和 MPTC－Ⅱ+RVTE 的相电流、电磁转矩和定子磁链在转速为 500r/min 带 50% 额定负载时的仿真波形相似，具有几乎一样的控制效果。

表 5-4   使用基于 RVTE 的双矢量 MPTC 方法的 PMSM 仿真和实验参数

参数	数值
直流母线电压 U_{dc}/V	310
额定转速 n_N/(r/min)	2000
极对数 p	3
相电阻 R_s/Ω	3
dq 轴电感 L/mH	11
转子磁链 ψ_f/Wb	0.24
转动惯量 J/kg·m²	0.00129
额定转矩 T_e/N·m	6

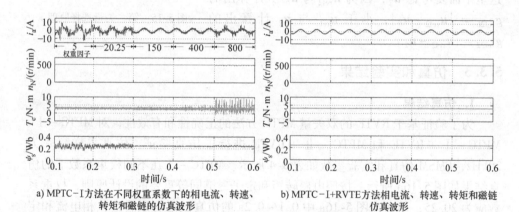

a) MPTC-I方法在不同权重系数下的相电流、转速、
转矩和磁链的仿真波形

b) MPTC-I+RVTE方法相电流、转速、转矩和磁链
仿真波形

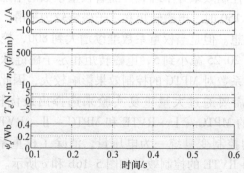

c) MPTC-Ⅱ+RVTE方法相电流、转速、转矩和磁链仿真波形

图 5-16   三种控制方法在电机转速 500r/min 和 50% 额定负载下仿真结果

为了进一步分析所提方法的控制效果，对三种控制方法做了动态仿真对比，仿真结果如图 5-17 所示。仿真一开始，电机空载从静止状态加速到额定转速 2000r/min，在 0.08s 时突加额定负载，在 0.13s 时额定负载突减到空载。从仿真结果图 5-17a、b 与 c 可以看出，MPTC－Ⅰ在权重系数为 A = 150 的情况下，与 MPTC－Ⅰ＋RVTE 和 MPTC－Ⅱ＋RVTE 具有相似的动态响应效果。综上所述，所提出的 MPTC－Ⅰ＋RVTE 和 MPTC－Ⅱ＋RVTE 在没有损失传统 MPTC－Ⅰ控制效果的前提下，消除了复杂的权重系数，使控制系统更为简单有效。

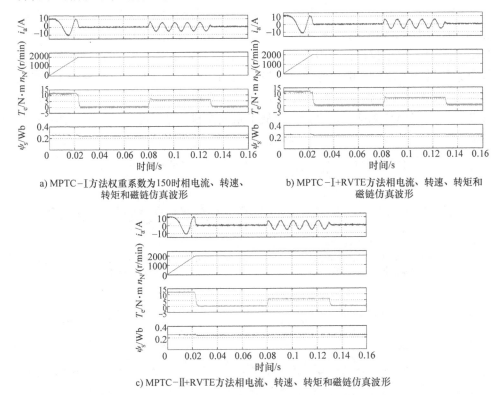

a) MPTC－Ⅰ方法权重系数为150时相电流、转速、转矩和磁链仿真波形

b) MPTC－Ⅰ＋RVTE方法相电流、转速、转矩和磁链仿真波形

c) MPTC－Ⅱ＋RVTE方法相电流、转速、转矩和磁链仿真波形

图 5-17　三种控制方法空载起动和负载转矩突变时的仿真结果

2. 实验结果

本节进一步对 MPTC－Ⅰ、MPTC－Ⅰ＋RVTE 和 MPTC－Ⅱ＋RVTE 方法做了实验验证，实验采样频率为 10kHz。为了获得满意的 MPTC－Ⅰ控制性能，选取多组不同权重系数，做了多次实验，最终确定最优权重系数为 150。在电机低速 200r/min 带额定负载情况下，不同控制方法下的稳态响应如图 5-18 所示。图 5-18a 与 b 是传统 MPTC－Ⅰ在权重系数 A = 150 和 A = 20.25 时的稳态波形，对比可以看出，权重系数的大小对 MPTC－Ⅰ影响较大。图 5-18c 与 d 分别是所

提出的 MPTC – Ⅰ + RVTE 和 MPTC – Ⅱ + RVTE 的稳态波形，对比 MPTC – Ⅰ，从图 5-18 中可以看出 MPTC – Ⅰ + RVTE 和 MPTC – Ⅱ + RVTE 在无须权重系数的情况下，控制效果与最优权重系数 MPTC – Ⅰ 相似。为了清楚说明 MPTC – Ⅰ + RVTE 和 MPTC – Ⅱ + RVTE 的控制效果，对图 5-17 不同控制方法下的相电流波形进行了 THD 分析，分析结果如图 5-19 所示。通过图 5-19a 与 b 可知，当权重系数从 150 减小到 20.25 时，THD 增大了 42.39%，说明权重系数对 MPTC – Ⅰ的重要性。通过图 5-19c 与 d 的 THD 分析可知，MPTC – Ⅰ + RVTE 和 MPTC – Ⅱ + RVTE 在低速时的稳态性能相似，THD 仅仅只差 0.06%。MPTC – Ⅰ + RVTE 和 MPTC – Ⅱ + RVTE 与传统 MPTC – Ⅰ 相比可以看出，MPTC – Ⅰ + RVTE 的 THD 值最高，但也仅仅比 MPTC – Ⅰ 在最优权重系数下多了 0.08%，但却省去了权重系数设计的过程。由此可知，MPTC – Ⅰ + RVTE 和 MPTC – Ⅱ + RVTE 在低速时与 MPTC – Ⅰ 在最优权重系数下的稳态性能相似，但 MPTC – Ⅰ + RVTE 和 MPTC – Ⅱ + RVTE 无须权重设计，降低了系统控制的复杂度，简化了工作量。

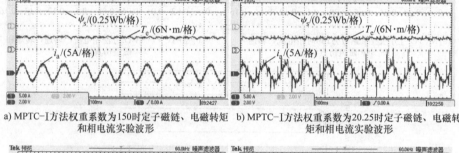

a) MPTC-Ⅰ方法权重系数为150时定子磁链、电磁转矩和相电流实验波形　　b) MPTC-Ⅰ方法权重系数为20.25时定子磁链、电磁转矩和相电流实验波形

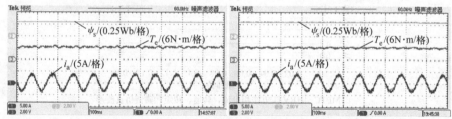

c) MPTC-Ⅰ+RVTE方法定子磁链、电磁转矩和相电流实验波形　　d) MPTC-Ⅱ+RVTE方法定子磁链、电磁转矩和相电流实验波形

图 5-18　电机在额定转速 200r/min 带额定负载时三种控制方法的实验结果

为了说明 MPTC – Ⅰ + RVTE 和 MPTC – Ⅱ + RVTE 在高速时也能获得满意的稳态性能，对三种控制方法在额定转速和额定转矩情况下，分别进行了实验验证。结果如图 5-20 所示，三种控制方法与在低速时具有类似的稳态性能，为了用数据说明，同样对图 5-20 中的相电流进行了 THD 分析，分析结果如图 5-21 所示。传统 MPTC – Ⅰ 在最优权重系数下的 THD 值比 MPTC – Ⅰ + RVTE 大

0.17%，相差较小，但 MPTC - Ⅰ 比 MPTC - Ⅱ + RVTE 的 THD 值大了 3.46%，相差较大，说明 MPTC - Ⅱ + RVTE 在高速时具有更好的稳态性能。由此可知，MPTC - Ⅰ（最优权重）、MPTC - Ⅰ + RVTE 和 MPTC - Ⅱ + RVTE 三种控制方法在低速时稳态性能类似，MPTC - Ⅰ（最优权重）和 MPTC - Ⅰ + RVTE 在高速时稳态性能类似，MPTC - Ⅱ + RVTE 在高速时稳态性能最好。值得注意的是 MPTC - Ⅰ + RVTE 和 MPTC - Ⅱ + RVTE 具有无须权重系数设计的优势。

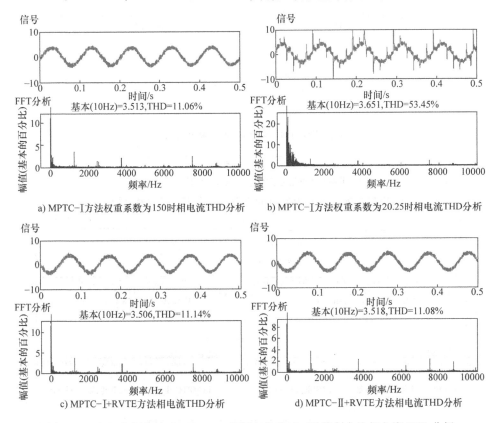

图 5-19　电机在额定转速 200r/min 带额定负载时三种控制方法相电流 THD 分析

MPTC - Ⅰ（最优权重）、MPTC - Ⅰ + RVTE 和 MPTC - Ⅱ + RVTE 的动态性能如图 5-22 和图 5-23 所示，图 5-22 表示电机空载，转速从 200r/min 突增到额定转速 2000r/min 时各控制方法的动态响应。可以看出，三种控制方法电机转速上升到额定转速所用时间都很短，而且电磁转矩和定子磁链波动较小，转速上升平滑无超调。图 5-23 是电机空载额定转速下，突加额定负载的动态响应。可以看出三种控制方法动态响应较快，具有较好的抗扰性能。通过稳态和动态实验，充分说明了所提出的 MPTC - Ⅰ + RVTE 和 MPTC - Ⅱ + RVTE 在消除权重系数设

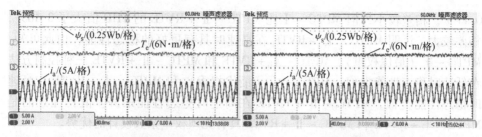

a) MPTC-I方法权重系数为150时定子磁链、电磁转矩和相电流实验波形

b) MPTC-I+RVTE方法定子磁链、电磁转矩和相电流实验波形

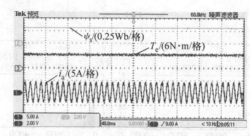

c) MPTC-II+RVTE方法定子磁链、电磁转矩和相电流实验波形

图5-20　电机在额定转速2000r/min带额定负载时三种控制方法实验结果

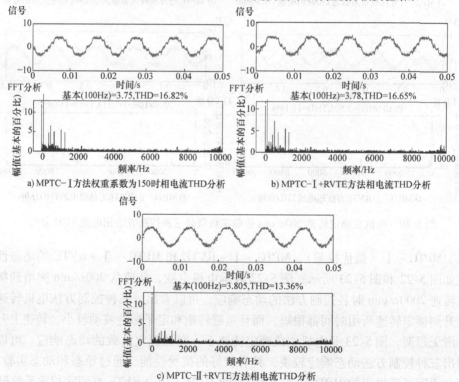

a) MPTC-I方法权重系数为150时相电流THD分析

b) MPTC-I+RVTE方法相电流THD分析

c) MPTC-II+RVTE方法相电流THD分析

图5-21　电机在额定转速2000r/min带额定负载时三种控制方法相电流THD分析

计的情况下依然具有与 MPTC - Ⅰ 相似或者更好的动态和稳态性能。

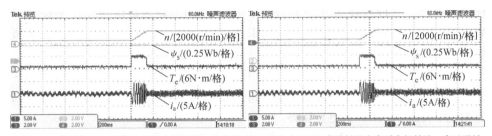

a) MPTC-Ⅰ方法权重150转速突变时电机转速、定子磁　b) MPTC-Ⅰ+RVTE方法转速突变时电机转速、定子磁链、
链、电磁转矩和相电流实验波形　　　　　　　　　　电磁转矩和相电流实验波形

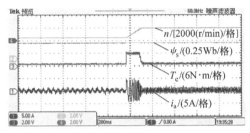

c) MPTC-Ⅱ+RVTE方法转速突变时电机转速、定子磁链、电磁转矩和相电流实验波形

图 5-22　电机空载转速 500r/min 突增到 2000r/min 时三种控制方法动态响应实验结果

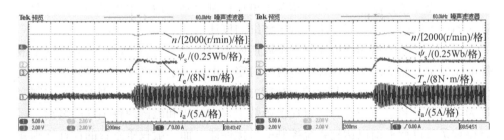

a) MPTC-Ⅰ方法权重150负载突变时电机转速、定子磁链、　b) MPTC-Ⅰ+RVTE方法负载突变时电机转速、定子
电磁转矩和相电流实验波形　　　　　　　　　　　　磁链、电磁转矩和相电流实验波形

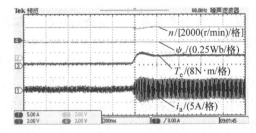

c) MPTC-Ⅱ+RVTE方法负载突变时电机转速、定子磁链、电磁转矩和相电流实验波形

图 5-23　电机在额定转速 2000r/min 空载突加到额定负载时三种控制方法动态响应实验结果

为了用数据证明所提 MPTC－Ⅰ＋RVTE 和 MPTC－Ⅱ＋RVTE 减小计算量的优势，统计了三种控制方法下程序运行所用时间，如表 5-5 所示。所提方法 MPTC－Ⅰ＋RVTE 和 MPTC－Ⅱ＋RVTE 所用时间少于传统 MPTC－Ⅰ，证明所提方法具有减小 MPTC 计算量的效果。

综上所述，仿真和实验结果证明了所提出的 MPTC－Ⅰ＋RVTE 和 MPTC－Ⅱ＋RVTE 方法不仅仅显著减小了计算量，而且避免了复杂的权重系数设计，因此相比于传统 MPTC－Ⅰ更具优势。

表 5-5　三种控制方法下程序运行时间

方法	MPTC－Ⅰ	MPTC－Ⅰ＋RVTE	MPTC－Ⅱ＋RVTE
时间/μs	39.72	37.2	37.09
待选矢量范围	7	1	2
时间减少/μs	—	2.52	2.63

5.4　本章小结

本章主要介绍了永磁同步电机模型预测电压控制相关策略。首先，证明了基于电流无差拍的模型预测电压控制与模型预测电流控制的等效关系；其次，基于转矩磁链无差拍控制原理，将模型预测电压控制分别应用于单矢量 MPTC 与双矢量 MPTC 方法中，并对其方法进行了详细的概述。

由于传统单矢量 MPTC 在每一个周期内需要进行 7 次循环计算才能遴选出最优电压矢量，而 7 次循环计算中包含了对定子电流、定子磁链和电磁转矩的预测计算，计算量大，对控制芯片的计算能力要求较高。另外，由于 MPTC 的控制变量为电磁转矩和定子磁链，所以代价函数中含有转矩和磁链两种不同的量纲，需要权重系数进行平衡以达到系统控制的最优性能，而一般权重系数的设计规则并不能满足要求，仍需进行反复实验确定相对最优的权重系数，这一过程烦琐复杂。

为了解决上述计算量大和权重系数设计复杂的问题，本章提出了基于转矩与磁链无差拍的模型预测电压控制方法（MPTC＋RVTE 方法），此方法利用 DB-DTC 原理，利用 PMSM 数学模型求解参考电压矢量，并根据参考电压矢量所处扇区位置选择此扇区所包含的基本电压矢量作为候选矢量，而不必考虑其他电压矢量，这样就缩小了电压矢量的选择范围，由原来的 7 次计算减小到 2 次，大大减少了 MPTC 的计算量。而针对权重设计问题，本章将转矩与磁链两个控制变量转换为同一量纲下的电压矢量，并设计了新型代价函数，只需进行参考电压矢量与基本电压矢量对比即可遴选出最优电压矢量，避免了复杂的权重设计，方法简单有效。

双矢量 MPTC 与单矢量 MPTC 一样有计算量大和权重系数问题，尤其计算量问题对双矢量 MPTC 来说更为突出，因此，本章将基于转矩磁链无差拍的模型预测电压控制方法扩展应用到双矢量 MPTC 中。最后经过仿真和实验验证了模型预测电压控制方法的正确性和有效性。

参 考 文 献

[1] ZHANG X, HOU B. Double vectors model predictive torque control without weighting factor based on voltage tracking error [J]. IEEE Transactions on Power Electronics, 2018, 33 (3): 2368 – 2380.

[2] NEMEC M, NEDELJKOVIC D, Ambrozic V. Predivtive torque control of induction machines using immediate flux control [J]. IEEE Transactions on Industrial Electronics, 2007, 54 (4): 2009 – 2017.

[3] ZHANG Y, HUANG L, XU D, et al. Performance evaluation of two – vector – based model predictive current control of PMSM drives [J]. Chinese Journal of Electrical Engineering, 2018, 4 (2): 65 – 81.

[4] 张永昌，杨海涛，魏香龙. 基于快速矢量选择的永磁同步电机模型预测控制 [J]. 电工技术学报，2016，31 (6): 66 – 73.

[5] 牛里，杨明，王庚，等. 基于无差拍控制的永磁同步电机鲁棒电流控制算法研究 [J]. 中国电机工程学报，2013，33 (15): 78 – 85.

第 6 章

直接速度模型预测控制

模型预测速度控制（Model Predictive Speed Control，MPSC）是以速度作为控制变量的模型预测控制，在传统矢量控制中永磁同步电机控制系统被分为位置、速度、电流三个级联的控制结构。在模型预测速度控制中，将速度作为控制变量的同时需要考虑电流变量。因此出现两种模型预测速度控制方式：一种是采取级联结构形式，对速度变量和电流变量分别进行预测控制的模型预测速度控制；另一种是通过建立速度与电流的数学模型，对速度和电流同时进行预测控制的模型预测速度控制，也称为模型预测直接速度控制（Model Predictive Direct Speed Control，MPDSC）[1-6]。

6.1 常规模型预测直接速度控制

SPMSM 传统模型预测直接速度控制原理框图如图 6-1 所示[7]。首先，利用负载转矩观测器获取负载转矩信息；其次，将逆变器固有的电压矢量状态代入预测模型中预测速度和电流信息；最后，根据转速和电流误差最小的原则筛选出最优电压矢量并在下一个控制周期作用于电机上。整个过程无须 PI 控制器和繁杂的 PI 参数整定工作，控制思想直观，结构简单。

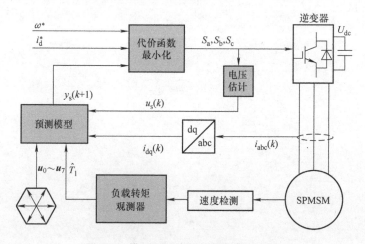

图 6-1 模型预测直接速度控制原理图

6.1.1　基本原理

为了获得精准预测变量，预测 - 校正系统的改进欧拉离散方程[8]被应用于预测速度变量，其表达式如下所示：

$$\begin{cases} y_{\mathrm{p}}(k+1) = y(k) + hf(y(k),u(k)) \\ y_{\mathrm{s}}(k+1) = y_{\mathrm{p}}(k+1) + \dfrac{h}{2}[f(y(k),u(k)) + f(y_{\mathrm{p}}(k+1),u(k+1))] \end{cases}$$

(6-1)

显然，要想获得预测速度，模型中需包含机械方程，故式中：

$$f(y,u) = \begin{bmatrix} -\dfrac{R}{L}i_{\mathrm{d}} + \omega i_{\mathrm{q}} + \dfrac{1}{L}u_{\mathrm{d}} \\ -\dfrac{R}{L}i_{\mathrm{q}} - \omega i_{\mathrm{d}} + \dfrac{1}{L}u_{\mathrm{q}} - \dfrac{\psi_{\mathrm{f}}}{L}\omega \\ \dfrac{p}{J}(T_{\mathrm{e}} - T_{\mathrm{l}}) - \dfrac{p}{J}B\omega \end{bmatrix}; \quad u = \begin{bmatrix} u_{\mathrm{d}} & u_{\mathrm{q}} \end{bmatrix}^{\mathrm{T}}; \quad y = \begin{bmatrix} i_{\mathrm{d}} & i_{\mathrm{q}} & \omega \end{bmatrix}^{\mathrm{T}}$$

MPDSC 的核心目标是控制速度状态快速跟踪上参考指令值。另外，在保证速度状态量快速跟踪的同时，有必要控制定子电流最大化利用，并获得良好的转矩控制性能。故代价函数可设计如下：

$$J = [\omega^* - \omega(k+1)]^2 + C_{\mathrm{id}}[i_{\mathrm{d}}(k+1)]^2 + C_{\mathrm{iq}}[i_{\mathrm{qf}}(k+1)]^2 + I_{\mathrm{m}} \quad (6\text{-}2)$$

式中，C_{id} 和 C_{iq} 为权重因子，用于平衡转速与电流控制之间的权重关系；$\omega(k+1)$ 为预测速度；$i_{\mathrm{d}}(k+1)$ 为 d 轴的预测电流；$i_{\mathrm{qf}}(k+1)$ 为 q 轴预测电流的高频部分，用来评判转矩脉动的大小，可使用高通滤波器过滤 q 轴的预测电流获得；I_{m} 为非线性函数，用来限制电机的最大运行电流，以达到保证电机安全运行的目的，具体表达式如下：

$$I_{\mathrm{m}} = \begin{cases} C_{\mathrm{imax}}, & \sqrt{i_{\mathrm{d}}^2 + i_{\mathrm{q}}^2} > I_{\mathrm{max}} \\ 0, & \text{其他} \end{cases} \quad (6\text{-}3)$$

式中，C_{imax} 为一个非常大的数值；I_{max} 为最大允许电流。

6.1.2　实际应用的问题

相比于 MPTC/MPCC 方法，非级联结构 MPDSC 方法的优点是省略了传统速度 PI 控制器，避免了 PI 参数调节过程，简化了系统结构；同时以转速为最优准则的代价函数可快速筛选出最优电压矢量，使得系统快速，无静差且无超调的跟踪参考转速突变，达到更好的动态效果。

然而，MPDSC 方法也面临着诸多需要关注的问题。分析其原理框图 6-1 和式（6-2）表示的代价函数可知，在一个完整的控制周期下，MPDSC 需要对每一个电压矢量进行速度预测和电流预测。显然相比于只预测转矩和磁链或电流的 MPTC/MPCC 方法，MPDSC 多了预测速度的步骤。而对于三相两电平逆变器来说，每个控制周期更是需要计算 7 次。同时，为了提高系统稳态性能，通常采用多步预测或多矢量组合预测的方式，这将会使得系统计算量成倍增加。另外，传统 MPDSC 方法为了平衡转速与电流的控制效果，需要设计合适的权重因子。然而，权重因子的获得缺乏通用的理论原则，目前使用的方式是通过大量的仿真和试验确定，不利于 MPDSC 方法的发展和实用化；另一方面，传统 MPDSC 方法是基于完全的预测模型来预测速度和电流信息，对于逆变器的每一个电压矢量产生的速度变化和电流变化严重依赖于精确的数学模型。换句话说，错误的数学模型将会导致错误的预测速度和错误的预测电流信息，从而选择错误的电压矢量。因此，有必要引入观测器以提高 MPCDSC 的鲁棒性。在传统的直接速度控制中，为获得负载转矩信息以预测转速，需引入额外的负载转矩观测器或者扭矩测量装置。而另外用于观测电参数和转动惯量的观测器将会导致观测器数量增加，并使观测器参数调节的难度以及系统复杂度增大，使得本该简化的 MPDSC 系统变得繁杂且难以应用于实际场合。

6.2 基于电压选择的无权重模型预测直接速度控制

为了解决上述传统 MPDSC 方法计算量大和权重因子设计繁杂的问题，本节利用无差拍控制原理，将参考转速和参考磁链同时转换成一个等效的参考电压矢量，并构建能够追踪参考电压矢量误差的代价函数同时摒弃了传统 MPDSC 方法中权重因子的设计，提高了 MPDSC 的实用性。由于提出的方法以参考电压为追踪目标，本节将称为基于电压选择的无权重模型预测直接速度控制[9-10]。另外，可利用参考电压矢量的位置和扇区分布快速选择最优矢量组合并作用于电机，这样可以有效减少算法的复杂度。而基于电机最大电流，本节构建了 $\alpha-\beta$ 坐标系下的电压限制圆，通过对比代价函数筛选的最优电压矢量组合和电压限制圆的位置关系重新修正最优电压矢量，从而保证电机安全运行。

6.2.1 基本原理

本节所提出的 MPDSC 方法的原理框图如图 6-2 所示，主要包括六个部分：一拍延时补偿、参考电压矢量预测、扩展滑模负载转矩观测器、最优电压矢量选择、占空比计算、电流限制。原理框图中各部分细节将在下文中详细说明。

1. 参考电压矢量预测

（1）一拍延时补偿。由于数字控制中的一拍延时降低了系统的控制性能，因此本节采用将预测电流代入电机模型中的方式来补偿一拍延时，以达到更好的

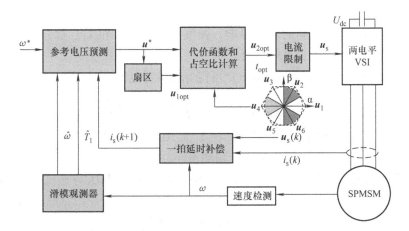

图 6-2　提出 MPDSC 方法的原理框图

控制效果。为了提高电流预测准确度，改进欧拉公式被应用于本节，获得的预测电流如下：

$$\begin{cases} i_{\mathrm{p}}(k+1) = i_{\mathrm{s}}(k) + \dfrac{T_{\mathrm{s}}}{L}\big[\, u_{\mathrm{s}}(k) - Ri_{\mathrm{s}}(k) - \mathrm{j}\omega\psi_{\mathrm{f}}\mathrm{e}^{\mathrm{j}\theta}\,\big] \\[4mm] i_{\mathrm{s}}(k+1) = i_{\mathrm{p}}(k+1) - \dfrac{T_{\mathrm{s}}R}{2L}\big[\, i_{\mathrm{p}}(k+1) - i_{\mathrm{s}}(k)\,\big] \end{cases} \tag{6-4}$$

式中，$i_{\mathrm{p}}(k+1)$ 为电流预测值；为了提高预测准确度，进一步利用梯形公式将其校正，可得到准确度更高的校正电流 $i_{\mathrm{s}}(k+1)$；T_{s} 为电流采样时间。然后，用校正后的预测电流 $i_{\mathrm{s}}(k+1)$ 代替式（2-11）、式（2-12）和式（2-14）表示的模型得到的实测电流，从而补偿模型预测控制中的一拍延时。

（2）参考电压预测。经过一拍延时补偿后，将式（2-12）表示的磁链方程代入式（2-11）表示的电压方程中，可得离散模型下的电压方程如下：

$$\begin{cases} u_{\mathrm{d}}(k+1) = L\dfrac{i_{\mathrm{d}}(k+2) - i_{\mathrm{d}}(k+1)}{T_{\mathrm{s}}} - \omega(t)Li_{\mathrm{q}}(k+1) + Ri_{\mathrm{d}}(k+1) \\[4mm] u_{\mathrm{q}}(k+1) = L\dfrac{i_{\mathrm{q}}(k+2) - i_{\mathrm{q}}(k+1)}{T_{\mathrm{s}}} + \omega(t)\big[\, Li_{\mathrm{d}}(k+1) + \psi_{\mathrm{f}}\,\big] + Ri_{\mathrm{q}}(k+1) \end{cases}$$

$$\tag{6-5}$$

另外，为了实现速度预测，预测模型中必须包含机械方程。将速度控制量转化成等效的电压控制量过程中，本节将对机械方程做如下处理：

1）将式（2-14）表示的转矩方程代入式（2-3）表示的机械方程中，并忽略阻尼对系统的影响，可得到以下公式：

$$\frac{\mathrm{d}\omega}{\mathrm{d}t} = \frac{p}{J}\left(\frac{3}{2}p\psi_{\mathrm{f}}i_{\mathrm{q}} - T_{\mathrm{l}} \right) \tag{6-6}$$

值得注意的是，调速系统的电磁时间常数远小于机械时间常数。因此，为了防止速度控制和电流控制的相互影响，速度和转矩（ω 和 T_l）信息的采样时间通常选择为十倍电磁信息采样时间。

2）根据无差拍原理和式（6-6）可得 q 轴参考电流 i_q^* 如下：

$$i_q^* = \frac{2}{3p\psi_f}\left[\frac{J}{p}\frac{\omega(t+1)-\omega(t)}{T_{sp}}+T_l\right] \tag{6-7}$$

式中，T_{sp} 表示速度和转矩采样时间，比 T_s 大 10 倍（即 $T_{sp}=10T_s$）；t 表示速度信息的采样时刻；$\omega(t+1)$ 表示速度预测值。

然后，将式（6-7）代入式（6-5）中，得到 q 轴电压与速度信息的关系如下：

$$u_q(k+1) = \frac{2LJ[\omega(t+1)-\omega(t)]+2LT_{sp}pT_l}{3p^2\psi_f T_{sp}T_s}-\frac{Li_q(k+1)}{T_s}+$$
$$\omega(t)[Li_d(k+1)+\psi_f]+Ri_q(k+1) \tag{6-8}$$

另一方面，基于式（2-12）表示的磁链方程和公式（6-5），定子磁链与电压的关系式可以表示为

$$\psi_s^2(k+2) = \psi_d^2(k+2)+\psi_q^2(k+2)$$
$$= [Li_d(k+2)+\psi_f]^2+[Li_q(k+2)]^2$$
$$= [T_s u_d(k+1)+T_s L\omega(t)i_q(k+1)+Li_d(k+1)+\psi_f-T_s Ri_d(k+1)]^2+$$
$$[T_s u_q(k+1)-T_s\omega(t)[Li_d(k+1)+\psi_f]+Li_q(k+1)-T_s Ri_q(k+1)]^2. \tag{6-9}$$

然后将式（6-8）代入式（6-9）中，得到 d 轴电压与速度信息的关系如下：

$$u_d(k+1) = \pm\frac{\sqrt{\psi_s^2(k+2)-\left[\frac{2LJ(\omega(t+1)-\omega(t))+2LT_{sp}pT_l}{3p^2\psi_f T_{sp}}\right]^2}}{T_s}-$$
$$\frac{Li_d(k+1)+\psi_f}{T_s}+\omega(t)Li_q(k+1)+Ri_d(k+1) \tag{6-10}$$

此外，基于无差拍控制原理，为确保下一时刻系统的转速和定子磁链追踪上参考转速和参考磁链，可将预测转速和预测磁链作为参考指令，即：$\omega(t+1)=\omega^*$；$\psi_s(k+2)=\psi_s^*$。因此，根据式（6-8）和式（6-10），可得参考电压矢量如下：

$$u^* = \begin{bmatrix} u_d^*(k+1) \\ u_q^*(k+1) \end{bmatrix} = \begin{bmatrix} m(\omega)\pm\dfrac{\sqrt{\psi_s^{*2}-L^2f^2(\Delta\omega)}}{T_s}+A \\ n(\omega)\pm\dfrac{L}{T_s}f(\Delta\omega)+B \end{bmatrix} \tag{6-11}$$

式中，表示参考转速和实际转速之间的差值，即 $\Delta\omega = \omega^* - \omega(t)$；

$$m(\omega) = -\omega(t)Li_q(k+1)；n(\omega) = \omega(t)\left[Li_d(k+1)+\psi_f\right]；f(\Delta\omega) = \frac{2J\Delta\omega + 2T_{sp}pT_1}{3p^2\psi_f T_{sp}}；$$

$$A = -\frac{Li_d(k+1)+\psi_f}{T_s} + Ri_d(k+1)；B = -\frac{Li_q(k+1)}{T_s} + Ri_q(k+1)。$$

式中，参考磁链可由式（2-12）表示的磁链方程和定子磁链幅值关系获得如下：

$$\psi_s^* = \sqrt{(L \cdot i_d^* + \psi_f)^2 + (L \cdot i_q^*)^2} \tag{6-12}$$

式中，i_d^* 为 d 轴的参考电流。显然，在 $i_d = 0$ 的控制下参考的 d 轴电流应设定为 0 （$i_d^* = 0$）。

对参考电压矢量进行坐标变换，并按照式（6-13）进行计算从而可计算出参考电压矢量 u^* 的角度。

$$\theta_{ref} = \arctan\left[\frac{u_\beta^*(k+1)}{u_\alpha^*(k+1)}\right] \tag{6-13}$$

式中，$u_\alpha^*(k+1)$ 和 $u_\beta^*(k+1)$ 分别是参考电压矢量在静止坐标系下 α 轴和 β 轴上的分量。

从式（6-11）可以看出，参考转速与检测转速之间的差值可以直接用于预测参考电压矢量。然而，值得注意的是在式（6-11）中包含了传动系统中不容易获得的负载转矩信息。因此，有必要加入一种可在线估计负载转矩的观测器。

2. 扩展滑模负载转矩观测器

本节设计了一种扩展滑模负载转矩观测器来观测负载转矩信息，避免了附加的扭矩测量装置；另一方面，测量转子位置的增量式光电码盘会给系统引入高频噪声，而该噪声可能会影响系统控制性能[11]。因此，本节所设计的滑模负载转矩观测器还可以用来降低速度传感器的噪声以及离散化误差。

（1）观测器设计。首先，选择的滑模面为估计速度和实际速度之间的误差，即 $S = \hat{\omega} - \omega$，其中，$\hat{\omega}$ 为估计速度。另外，本节采用基于等速趋近率的开关函数，其表达式如下：

$$U = K \cdot \text{sgn}(\hat{\omega} - \omega) \tag{6-14}$$

式中，K 是开关函数参数。

基于式（2-3）表示的机械方程，并将负载转矩视为扩展变量，则扩展的滑模负载转矩观测器可以构造如下：

$$\begin{cases} \dfrac{d\hat{\omega}}{dt} = \dfrac{p}{J}(T_e - \hat{T}_1) + U \\ \dfrac{d\hat{T}_1}{dt} = gU \end{cases} \tag{6-15}$$

式中，g 是滑模参数；$\hat{T}_1$ 是负载转矩的估计值。设计的负载转矩观测器原理框图如图 6-3 所示。测量电流和测量转速为观测器的输入量，估计的负载转矩和估计转速为观测器输出。

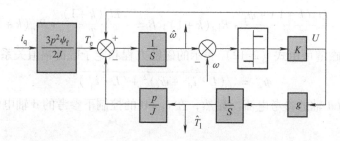

图 6-3 扩展滑模负载转矩观测器原理框图

（2）观测器参数整定。为确保系统快速稳定的到达滑动模态，应选择合理的观测器参数。

首先，定义速度和转矩的误差方程如下：

$$\begin{cases} e_1 = \hat{\omega} - \omega \\ e_2 = \hat{T}_1 - T_1 \end{cases} \tag{6-16}$$

由于控制频率较高，负载转矩 T_1 在一个采样周期内可以被视为一个常数。因此根据式（6-15），可推导出误差微分方程为

$$\begin{cases} \dfrac{\mathrm{d}e_1}{\mathrm{d}t} = -\dfrac{p}{J}e_2 + U \\ \dfrac{\mathrm{d}e_2}{\mathrm{d}t} = gU \end{cases} \tag{6-17}$$

为保证滑模观测器的稳定性，系统必须满足滑模到达条件，即满足以下方程：

$$S\frac{\mathrm{d}S}{\mathrm{d}t} = e_1\frac{\mathrm{d}e_1}{\mathrm{d}t} = e_1\left[-\frac{p}{J}e_2 + K \cdot \mathrm{sgn}(e_1) \right] \leqslant 0 \tag{6-18}$$

则可得 K 的取值范围为

$$K \leqslant - \left| \frac{p}{J}e_2 \right| \tag{6-19}$$

因此，具有合理参数 K 的观测器可以在有限时间内到达滑模面并停留在其上。此时，滑模面 S 及其微分项满足：

$$\begin{cases} S = \dfrac{\mathrm{d}S}{\mathrm{d}t} = 0 \\ e_1 = \dfrac{\mathrm{d}e_1}{\mathrm{d}t} = 0 \end{cases} \tag{6-20}$$

然后，将式（6-20）代入式（6-17）得到：

$$\begin{cases} \dfrac{p}{J}e_2 = U \\[3mm] \dfrac{\mathrm{d}e_2}{\mathrm{d}t} = gU \end{cases} \tag{6-21}$$

进一步，简化式（6-21）可得：

$$\frac{\mathrm{d}e_2}{\mathrm{d}t} - g\frac{p}{J}e_2 = 0 \tag{6-22}$$

显然，为了保证转矩估计误差收敛到零，该观测器中的参数 g 的取值范围应为 $g < 0$。

3. 代价函数

传统的 MPDSC 方法采用系统离散模型和逆变器固有的离散特性来预测状态的未来行为，并通过式（6-2）表示的最小化代价函数来确定未来应用的最佳电压矢量。换言之，MPDSC 的主要目的是选择合适的电压矢量，以减小转速的误差和电流纹波。然而，在所提出的 MPDSC 方法中，可以保证转速误差在一个控制周期内快速收敛的参考电压矢量已经通过式（6-11）获得，因此，本节的工作是从所有电压矢量中选择一个离参考电压矢量最近的电压矢量为最优电压矢量，并于下一个控制周期作用于电机。

基于以上分析，本节采用了一种新的代价函数来选择最优电压矢量，其表达式如下：

$$G = \left| u^* - u_s^i \right| \tag{6-23}$$

式中，u_s^i 代表候选电压矢量。显然，采用的代价函数只包含电压跟踪误差，因此不再需要传统代价函数中的权重因子。

为了证明上述采用的新型代价函数与传统代价函数的等效性，这里首先将式（6-23）改写为

$$G = \left| u_q^* - u_{qs}^i \right| + \left| u_d^* - u_{ds}^i \right| \tag{6-24}$$

式中，u_d^* 与 u_q^* 分别是参考电压 u^* 在 d 轴与 q 轴的分量；u_{ds}^i 与 u_{qs}^i 分别是候选电压 u_s^i 在 d 轴与 q 轴的分量；将式（6-5）、式（6-7）、式（6-11）代入式（6-24）中，有

$$G = \left| \begin{array}{l} \dfrac{L}{T_s}\left\{ \dfrac{2J\left[\omega^* - \omega(t)\right] + 2T_{sp}pT_1}{3p^3\psi_f T_{sp}} - i_q(k+1) \right\} + \\[3mm] \omega(t)\left[Li_d(k+1) + \psi_f\right] + Ri_q(k+1) \\[3mm] -\dfrac{L}{T_s}\left\{ \dfrac{2J\left[\omega^i(t+1) - \omega(t)\right] + 2T_{sp}pT_1}{3p^2\psi_f T_{sp}} - i_q(k+1) \right\} - \\[3mm] \omega(t)\left[Li_d(k+1) + \psi_f\right] - Ri_q(k+1) \end{array} \right| +$$

$$\left[\begin{array}{l} L\dfrac{i_{\mathrm{d}}^{*} - i_{\mathrm{d}}(k+1)}{T_{\mathrm{s}}} - \omega(t)Li_{\mathrm{q}}(k+1) + Ri_{\mathrm{d}}(k+1) - \\[3mm] L\dfrac{i_{\mathrm{d}}^{i} - i_{\mathrm{d}}(k+1)}{T_{\mathrm{s}}} + \omega(t)Li_{\mathrm{q}}(k+1) - Ri_{\mathrm{d}}(k+1) \end{array} \right]$$

$$= \left\{ \frac{2JL}{3p^2\psi_{\mathrm{f}}T_{\mathrm{sp}}}[\omega^* - \omega^i(t+1)] \right\} + \left\{ \frac{L}{T_{\mathrm{s}}}[i_{\mathrm{d}}^* - i_{\mathrm{d}}^i(k+2)] \right\} \qquad (6\text{-}25)$$

式中，$\omega^i(t+1)$ 和 $i_{\mathrm{d}}^i(k+2)$ 分别表示在候选矢量 u_{s}^i 作用下产生的预测转速与预测 d 轴电流。

从式（6-25）可以明显看出，要想使得式（6-25）最小，必须使电机转速和 d 轴电流误差最小化；另一方面，新的代价函数与传统具有权重因子的代价函数 [式（6-2）] 在本质上是相似的，因为两者都是基于转速误差和电流误差的代价函数，不同的是，本节所使用的代价函数不需要权重因子，并可以根据当前的运行情况，自动实现转速和电流之间的控制平衡，避免了传统方法中权重因子整定的繁琐工作。

有以上分析可知，该方法的核心思想与传统方法一致，但实现方式不同。传统的代价函数采用间接电压选择方式来获得最优电压矢量；本节所使用的代价函数直接比较参考电压矢量和候选电压矢量来选择最优电压矢量，这是一种直接电压矢量选择模式。然而，本节所提方法的代价函数不需要任何权重因子，并根据系统变量的当前状态自动实现速度和电流之间的控制平衡，从而避免了传统速度预测控制中权重因子的整定工作。

4. 最优电压矢量的快速选择以及占空比计算

（1）最优电压矢量的快速选择。为了提高预测控制系统稳态性能，本节所提出的方法在一个控制周期内作用两个电压矢量（双矢量 MPDSC）。因此，若基于传统枚举的方式进行双矢量选择时，需要利用代价函数来评估高达 $7 \times 7 = 49$ 个矢量组合，才能实现最佳的电压矢量组合（双矢量组合）的遴选，这意味着一个控制周期选择两个电压矢量会导致计算负荷与计算量的急剧增加。为此，本节采用一种快速电压矢量选择方法，以减少计算量。

首先，将整个 α - β 平面划分为六个扇区，如图 6-4 所示。每个扇区包括一个有效矢量和一个零矢量。然后，根据式（6-13）表示的参考电压矢量的角度，可以确定参考电压矢量的扇区位置。因

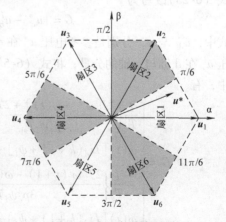

图 6-4　电压矢量扇区图

此，可以直接确定第一电压矢量。例如，如果参考电压矢量位于扇区 1 中，如图 6-5 所示，则应选择矢量 u_1 作为第一个电压矢量。以 u_1 和 u_2 为例，可以看出 u^* 和 u_1 之间的夹角明显小于 u^* 和 u_2 之间的夹角，即 $\theta_1 < \theta_2$。因此，从余弦定理可知，u_1 的代价函数 G_1 小于 u_2 的代价函数 G_2。同样可以发现，与图 6-4 中其他电压矢量的代价函数相比，G_1 总是最小值，这意味着应选择 u_1 作为第一个最优矢量。

事实上，当选择第二个电压矢量时，候选矢量的数量可以以相同的方式减少。以图 6-5 中的参考电压矢量为例，基于最小开关动作的原理，第二电压矢量的候选矢量可以限定为所选第一电压矢量的两个相邻矢量和一个零矢量，即 u_2 和 u_6，以及一个零矢量 u_0。显然，u_2 和 u^* 之间的夹角小于 u_6 和 u^* 之间的夹角，即 $\theta_2 < \theta_3$。同样，利用余弦定理可以证明代价函数 G_2 小于代价函数 G_3。因此，可以避免使用代价函数来测试矢量 u_6。最后，将 u_2 和零矢量 u_0 作为第二电压矢量的候选矢量代入代价函数中比较。

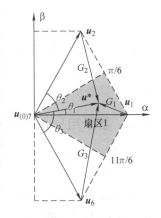

图 6-5　矢量选择原理图

基于以上分析，表 6-1 描述了候选电压矢量与扇区位置的关系，可以看出本节的快速电压矢量选择方法可以将候选电压矢量组合的数量从 49 个减少到 3 个，显著减少了计算负担。

表 6-1　候选电压矢量与扇区位置的关系

扇区	第一矢量	第二矢量的候选矢量
1	u_1	u_2, u_6, u_0
2	u_2	u_3, u_1, u_7
3	u_3	u_4, u_2, u_0
4	u_4	u_5, u_3, u_7
5	u_5	u_6, u_4, u_0
6	u_6	u_1, u_5, u_7

（2）占空比计算。确定第一电压矢量和第二电压矢量候选电压矢量后，需计算出两个电压矢量在一个控制周期内的作用时间。为了便于分析，定义第一电压矢量为 u_{1x}，定义第二电压矢量为 u_{2x}。同时，假设 u_{1x} 的作用时间是 t_1，u_{2x} 的作用时间是 $T_s - t_1$，则式（6-23）表示的代价函数可重写如下：

$$G = \left[u^* - t_1 u_{1x} - (T_s - t_1) u_{2x} \right] \tag{6-26}$$

为了获得最小代价函数，可给出以下方程：

$$\frac{\mathrm{d}G^2}{\mathrm{d}t_1} = 0 \tag{6-27}$$

因此，在一个控制周期内第一电压矢量的作用时间可计算为

$$t_1 = \frac{(u^* - u_{2\mathrm{x}})(u_{2\mathrm{x}} - u_{1\mathrm{x}})}{(u_{2\mathrm{x}} - u_{1\mathrm{x}})^2} T_\mathrm{s} \tag{6-28}$$

则 $T_\mathrm{s} - t_1$ 为 $u_{2\mathrm{x}}$ 的作用时间。因此，基于式（6-26）和式（6-28）可以将候选电压矢量组合分别带入代价函数中选择使得代价函数最小的电压矢量组合作为最优矢量组合，并确定最优电压矢量组合中两个矢量的作用时间。

从上述分析可以看出，通过直接比较参考电压矢量和候选电压矢量来选择最优电压矢量组合的方法与传统的直接速度预测控制方法相比，可以消除权重因子并减少计算负担。

6.2.2 基于电压限制圆的模型预测直接速度控制电流限制方法

在实际应用中，为了避免过电流引起电机过热，必须限制相电流大小。在传统的方法中，电流限制通常作为附加项加入到代价函数中。

本节基于电压误差跟踪的代价函数，设计了一种利用电压限制环的电流限值方法，并提出了一种改进的带电流限值的 MPDSC 方法。在 αβ 平面上，电流限制条件可以表示为

$$\sqrt{i_\alpha^2(k+2) + i_\beta^2(k+2)} < I_{\max} \tag{6-29}$$

式中，$i_\alpha(k+2)$ 和 $i_\beta(k+2)$ 分别是 $(k+2)$ 时刻预测电流的 α 轴和 β 轴分量。

为了补偿一拍延迟，用式（6-7）中的预测 - 校正电流代替式（2-6）、式（2-7）所表示的模型中的测量电流。然后将式（2-7）表示的磁链方程代入电压方程式（2-6）中，得到 αβ 坐标系下的预测电流如下：

$$\begin{cases} i_\alpha(k+2) = i_\alpha(k+1) \\ \quad + \dfrac{T_\mathrm{s}}{L_\mathrm{s}}[u_\alpha(k+1) - Ri_\alpha(k+1) + \omega\psi_\mathrm{f}\sin(\theta)] \\ i_\beta(k+2) = i_\beta(k+1) \\ \quad + \dfrac{T_\mathrm{s}}{L_\mathrm{s}}[u_\beta(k+1) - Ri_\beta(k+1) - \omega\psi_\mathrm{f}\cos(\theta)] \end{cases} \tag{6-30}$$

将等式（6-30）和不等式（6-29）合并，可得到用电压限制圆来描述的电流限制条件，如下所示：

$$\sqrt{[u_\alpha(k+1) + o_\mathrm{x}]^2 + [u_\beta(k+1) + o_\mathrm{y}]^2} < r \tag{6-31}$$

式中，

$$\begin{cases} o_{\mathrm{x}} = \left(\dfrac{L_{\mathrm{s}}}{T_{\mathrm{s}}} - R\right) i_{\alpha}(k+1) + \omega\psi_{\mathrm{f}}\sin(\theta) \\[3mm] o_{\mathrm{y}} = \left(\dfrac{L_{\mathrm{s}}}{T_{\mathrm{s}}} - R\right) i_{\beta}(k+1) - \omega\psi_{\mathrm{f}}\cos(\theta) \\[3mm] r = \dfrac{L_{\mathrm{s}}}{T_{\mathrm{s}}} I_{\max} \end{cases}$$

从式（6-31）可以明显看出，通过代价函数选择的电压矢量应限制在式（6-32）定义的电压限制圆内，以确保相电流不超过电流限制。

$$[u_{\alpha}(k+1) + o_{\mathrm{x}}]^2 + [u_{\beta}(k+1) + o_{\mathrm{y}}]^2 < r^2 \tag{6-32}$$

因此，有必要判断所选的最优电压矢量是否在该范围内。如果满足式（6-31），则意味着所选的最优电压矢量在控制期间不会引起过电流，并且可以直接应用于逆变器而无须修改。否则，应修改最优电压矢量并重新计算其持续时间，以避免出现过电流问题。应注意，有两种情况可能导致方程式（6-32）不能被满足。情况一是选择的最优电压矢量 u_{opt} 不在电压限制圆环内，但与电压限制圆有交点；情况二是选择的最优电压矢量 u_{opt} 与电压限制圆之间没有交点。如图 6-6 所示。

以图 6-6 的情况一为例，可以看出位于扇区 1 的所选最优电压矢量 u_{opt} 超出了电压限制圆。因此，该电压矢量不能应用于电机，应进行合理的修正。为了保证施加在电机上的电压矢量在安全范围内，需要修改第二电压矢量和两个电压矢量的持续时间，而第一电压矢量可以由参考电压矢量的位置确定而不需要修改。

首先，情况一的第二电压矢量应选择零电压矢量，而不是非零电压矢量。假设该情况的第二电压矢量选择了一个非零电压矢

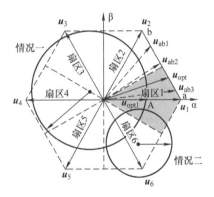

图 6-6 电压限制圆

量，由两个非零电压矢量合成的矢量轨迹位于扇区边界上，如图 6-6 中六边形边界 ab 线所示。同时，合成矢量随两个电压矢量的持续时间变化而变化，如图 6-6 中的 u_{ab1}、u_{ab2} 和 u_{ab3} 所示。分析情况一可以看出，在一个控制周期内施加两个非零电压矢量，使其合成的电压矢量始终超过电压限制圆，从而产生过电流问题。因此，在情况一下，第二电压矢量应选择一个零矢量，其持续时间需要合理计算，以确保修改后的最优电压矢量在电压限制圆内。

如图 6-6 所示，显然，情况一的电压限制圆与第一电压矢量 u_1 在点 A 相交。因此，选择由第一电压矢量 u_1 和零电压矢量合成的电压矢量 u_{opt1} 作为修改后的

最优电压矢量，该电压矢量落在电压限制圆的边界内，并接近尽可能多地选择以前选择的最优电压矢量。改进后的最优电压矢量 $\boldsymbol{u}_{\text{opt1}}$ 可以表示为

$$\begin{cases} \boldsymbol{u}_{\alpha} = \sqrt{R^2 - o_y^2} - o_x \\ \boldsymbol{u}_{\beta} = 0 \end{cases} \tag{6-33}$$

然后，根据几何关系，可以得出第一电压矢量的持续时间为

$$t'_1 = \frac{|\boldsymbol{u}_{\alpha}|}{u} \tag{6-34}$$

式中，$u = 2u_{\text{dc}}/3$。同时，第二电压矢量（零电压矢量）的作用时间可以表示为 $t'_2 = T_s - t'_1$。

同样，在情况二下，当选择的最优矢量位于不同的扇区时，可以得到修改后的电压矢量及其持续时间，如表6-2所示。

表6-2 情况一中改进最优电压矢量的作用时间

（ $\Delta_1 = 16R^2 - 12o_x^2 - 4o_y^2 + 8\sqrt{3}o_x o_y$ ， $\Delta_2 = 16R^2 - 12o_x^2 - 4o_y^2 - 8\sqrt{3}o_x o_y$ ）

最优电压矢量的扇区	改进后的电压矢量	作用时间
扇区1	$\boldsymbol{u}_1(100), \boldsymbol{u}_0(000)$	$t'_1 = \|\boldsymbol{u}_{\alpha 1}\|/u, t'_2 = T_s - t'_1;$ $u_{\alpha 1} = \sqrt{R^2 - o_y^2} - o_x$
扇区2	$\boldsymbol{u}_2(110), \boldsymbol{u}_7(111)$	$t'_1 = 2\|\boldsymbol{u}_{\alpha 2}\|/u, t'_2 = T_s - t'_1;$ $u_{\alpha 2} = \dfrac{-2(o_x + \sqrt{3}o_y) + \sqrt{\Delta_1}}{8}$
扇区3	$\boldsymbol{u}_3(010), \boldsymbol{u}_0(000)$	$t'_1 = 2\|\boldsymbol{u}_{\alpha 3}\|/u, t'_2 = T_s - t'_1;$ $u_{\alpha 3} = \dfrac{-2(o_x - \sqrt{3}o_y) - \sqrt{\Delta_2}}{8}$
扇区4	$\boldsymbol{u}_4(011), \boldsymbol{u}_7(111)$	$t'_1 = \|\boldsymbol{u}_{\alpha 4}\|/u, t'_2 = T_s - t'_1;$ $u_{\alpha 4} = -\sqrt{R^2 - o_y^2} - o_x$
扇区5	$\boldsymbol{u}_5(001), \boldsymbol{u}_0(000)$	$t'_1 = 2\|\boldsymbol{u}_{\alpha 5}\|/u, t'_2 = T_s - t'_1;$ $u_{\alpha 5} = \dfrac{-2(o_x + \sqrt{3}o_y) - \sqrt{\Delta_1}}{8}$
扇区6	$\boldsymbol{u}_6(101), \boldsymbol{u}_7(111)$	$t'_1 = 2\|\boldsymbol{u}_{\alpha 6}\|/u, t'_2 = T_s - t'_1;$ $u_{\alpha 6} = \dfrac{-2(o_x - \sqrt{3}o_y) + \sqrt{\Delta_2}}{8}$

另一方面，在第二种情况下，所选择的最优电压矢量 $\boldsymbol{u}_{\text{opt}}$ 与电压限制圆之间没有交点，如图6-6所示。在这种情况下，为了限制电机电流，不应采用以前选

择的最优电压矢量 u_{opt}，而是在整个控制周期内施加一个零电压矢量。

当考虑电流极限时，这种改进方法的控制过程如图 6-7 所示。

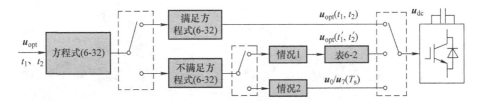

图 6-7　改进后电流限制的控制过程

综上所述，所提出的 MPDSC 方法主要包括以下步骤。

1）利用扩展滑模观测器获得转速和负载转矩信息；

2）预测第（$k+1$）时刻的电流并代入电机模型进行一拍延时补偿；

3）用式（6-11）计算参考电压矢量；

4）根据式（6-13）得到参考电压矢量的位置，选择最优电压矢量，计算出第一电压矢量和第二电压矢量的持续时间；

5）将两个矢量及其持续时间组合为最优电压矢量；

6）判断该最优电压矢量是否落在式（6-32）所定义的圆内。如果满足式（6-32），所选的最优电压矢量将应用于电机。否则，在情况一下，必须修改以前选择的电压矢量，并根据表 6-2 重新计算其持续时间，或者在情况二下，在整个周期内执行零电压矢量。

6.2.3　实验结果

为了验证该方法的有效性，在一个三相两电平逆变器供电的 SPMSM 驱动平台上进行了实验验证。表 6-3 列出了电机的主要参数，为了进行比较，本节还实现了具有 PI 速度控制器级联结构的双矢量模型预测转矩控制[12]（本节称为 MPTC）和具有高频滤波电流[13]的模型预测直接速度控制（本节称为 DSC）。本节中三种方法的采样频率均为 15kHz。试验台如图 6-8 所示。

表 6-3　SPMSM 的参数

电机参数名称及符号	数值/单位
直流母线电压 U_{dc}	310V
额定转速 n_{N}	2000r/min
极对数 p	3
相电阻 R	3Ω
d 轴和 q 轴的等效电感 L	11mH
永磁体磁链 ψ_{f}	0.24Wb
转动惯量 J	0.00129kg·m²

图 6-8　MPDSC 试验台实物图

1. 稳态对比

图 6-9 ~ 图 6-16 展示了 MPTC、DSC 和本章所提出的 MPDSC 方法的实验结果。图 6-9、图 6-10 和图 6-11 分别显示了 4N·m 负载下三种方法在低速（200r/min）、中速（1000r/min）和高速（2000r/min）下的稳态性能。当电机运行在低速 200r/min 时，MPTC 方法的电流 THD 为 7.17%，MPDSC 方法的电流THD 为 7.02%，DSC 方法的电流 THD 为 17.60%，这意味着 MPDSC 方法与MPTC 方法具有相似的稳态性能；但与 DSC 方法相比，所提出的 MPDSC 方法具有更优越的稳态性能。此外，如图 6-10 所示，当电机转速增加到中速 1000r/min时，本章所提出的 MP – DSC 方法的电流 THD 仍然最小；进一步，当电机转速提高到如图 6-11 所示的额定转速 2000r/min 时，应注意的是，MPTC 方法和 DSC方法的电流 THD 分别达到 15.37% 和 20.87%，而 MPDSC 方法的电流 THD 仅为14.04%。为了综合比较稳态控制性能，三种方法在不同转速下的电流 THD 结果如图 6-12 所示。显然，与 MPTC 方法和 DSC 方法相比，本节所提出的 MPDSC方法具有更好的稳态性能，并且这种稳态性能优势在高速阶段更加明显。

2. 动态对比

MPTC 方法和 MP – DSC 方法在速度参考值从 200r/min 变为 2000r/min 时的动态实验如图 6-13 所示，可以看出，MPDSC 方法的电流响应时间为 95ms，小于具有级联结构的 MPTC 方法的 125ms。此外，两种方法在额定转速下负载转矩从 0 突变为 4N·m 时的动态响应试验结果如图 6-14 所示。从实验结果可以看出，在负载突变的情况下，具有级联结构的 MPTC 方法需要 100ms 的时间来跟踪

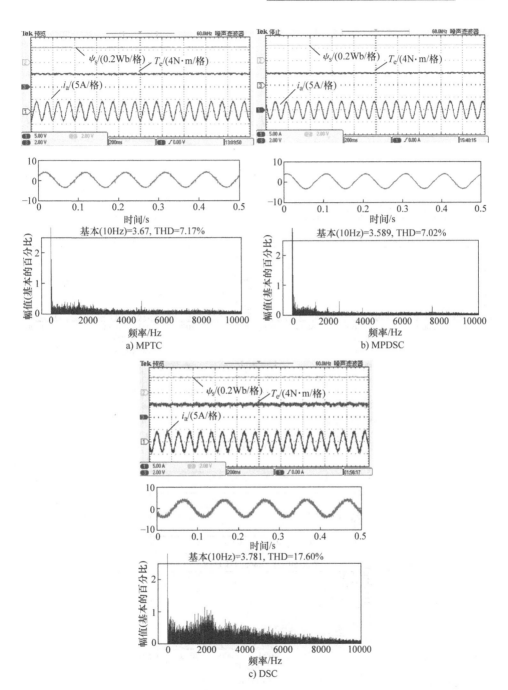

图 6-9　三种方法在 200r/min 和 4N·m 负载下的稳态实验结果

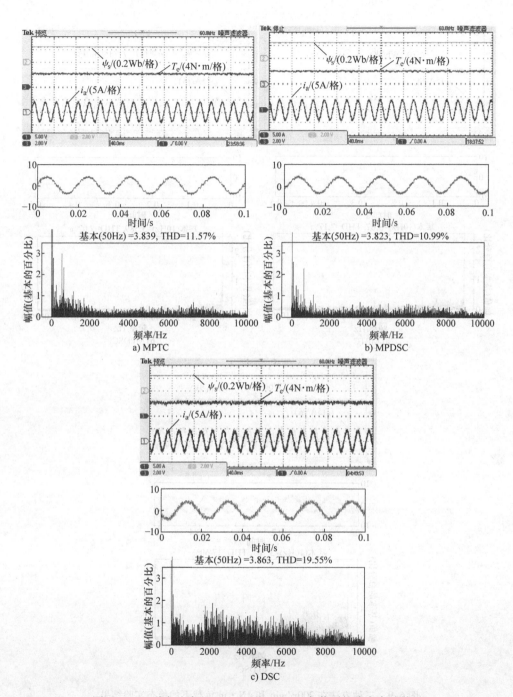

图 6-10 三种方法在 1000r/min 和 4N·m 负载下的稳态实验结果

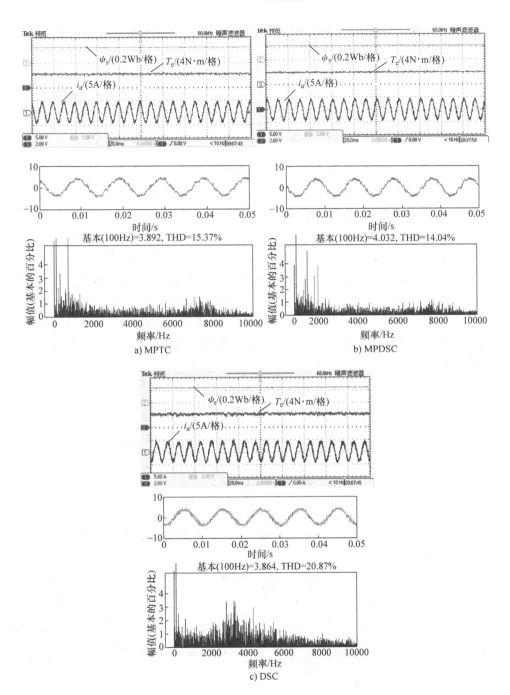

图 6-11 三种方法在 2000r/min 和 4N·m 负载下的稳态实验结果

参考转矩并伴有少量的超调。然而，提出的 MPDSC 方法只需要 60ms 的时间就可以实现无超调跟踪。综合上述动态实验比较结果可得，所提出的 MPDSC 方法比具有级联结构的 MPTC 方法动态性能更加优越。

此外，图 6-15 显示了 DSC 方法在电机转速从 200r/min 突然变为额定转速 2000r/min 时不同权重因子（C_{id} 和 C_{iq}）的动态响应。可以看出，当权重因子比（$C_{id}/$

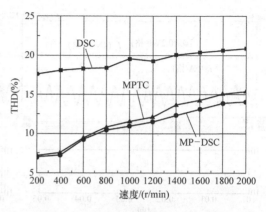

图 6-12　三种方法在不同转速下的电流 THD 分析结果

C_{iq}）越来越大时，动态响应速度越来越快，但电流纹波也越来越大。与提出的 MPDSC 方法相比，当采用较大的权重因子比时，DSC 方法可以得到与 MPD-SC 方法相似的动态响应，但稳态控制性能并不理想。这意味着 DSC 方法对权重因子的变化很敏感，需要对权重因子进行调整，以平衡动态响应与稳态性能之间的关系。

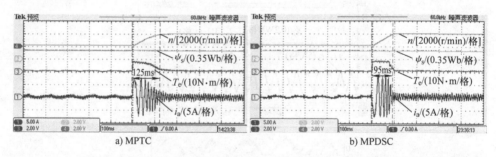

a) MPTC　　　　　　　　　　b) MPDSC

图 6-13　两种方法在空载时参考转速从 200r/min 突变为 2000r/min 时的动态试验结果

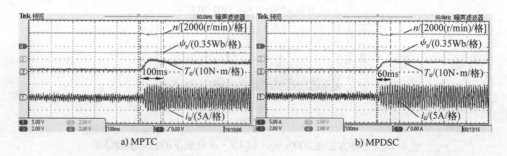

a) MPTC　　　　　　　　　　b) MPDSC

图 6-14　两种方法在额定转速下负载转矩从 0 到 4N·m 突变时的动态试验结果

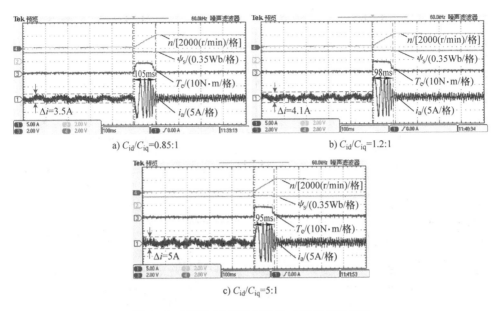

a) $C_{id}/C_{iq}=0.85:1$　　　　　b) $C_{id}/C_{iq}=1.2:1$

c) $C_{id}/C_{iq}=5:1$

图 6-15　不同权重因子下 DSC 方法的实验结果

另外，表6-4 展示了采用不带快速矢量选择的 MPDSC 方法（即通过枚举所有电压矢量来选择最佳电压矢量）和采用带快速矢量选择的 MPDSC 方法的算法计算时间。可以看出，没有快速矢量选择的 M－DSC 需要 $60.59\mu s$ 来实现算法，而采用快速矢量选择的 MPDSC 只需要 $48.47\mu s$。比较结果表明，采用快速矢量选择的 MPDSC 算法能够显著缩短算法计算时间，进一步提高预测控制系统的实用性。

表 6-4　不同方法计算时间的对比

方法	没有快速矢量选择的 MP－DSC	有快速矢量选择的 MP－DSC
时间/μs	60.59	48.47

最后，本节还进行了电流保护的有效性试验。图 6-16a 为当转速参考值突然从 $200r/min$ 变为额定转速时，没有应用电压限制圆限制电流时 MPDSC 方法控制下的相电流和电机转速波形，相电流放大波形如图 6-16c 所示。从上述结果可以看出相电流超过了限制电流（8A）。相比之下，图 6-16b 和图 6-16d 显示了有电压限制圆的相电流和电机转速波形，可以看出，当遇到转速突变时，电流保护方法有效地将定子电流限制在最大允许值（8A）以下。这意味着改进的电流保护方法可以有效地限制电机的相电流，避免过电流问题。

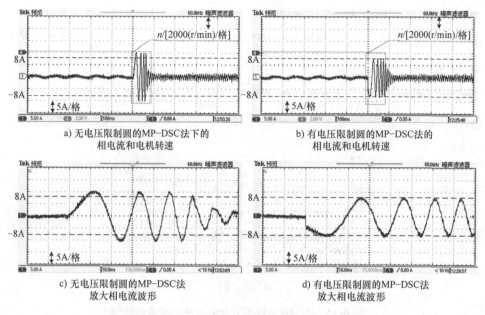

a) 无电压限制圆的MP-DSC法下的
相电流和电机转速

b) 有电压限制圆的MP-DSC法的
相电流和电机转速

c) 无电压限制圆的MP-DSC法
放大相电流波形

d) 有电压限制圆的MP-DSC法
放大相电流波形

图6-16　实验结果

6.3　基于全参数及负载观测器的鲁棒模型预测直接速度控制

通过前文对传统模型预测直接速度控制方法和提出的 MPDSC 方法原理的介绍可知，速度预测控制是基于系统精确的数学模型来实现的，而不可避免的参数误差和负载扰动都将导致系统控制性能下降。因此，提升 MPDSC 方法的鲁棒性显得尤为重要。

本节将对 6.2 节提出的 MPDSC 方法的鲁棒性问题做深入研究，首先根据参考电压预测方程量化计算各参数误差和负载扰动产生的参考电压误差值，从而定量分析各参数变化和负载扰动对系统控制性能的影响。进一步依据系统模型建立滑模观测器，观测包括机械参数和电参数在内的所有电机参数所引起的参考电压误差，同时把负载转矩信息作为扰动量一同观测并进行实时补偿，从而提高了系统鲁棒性。

6.3.1　模型预测直接速度控制的基本原理及参数敏感性分析

根据上文构建的代价函数 [式 (6-23)] 可以看出，变频器施加在电机上的电压矢量组合是通过参考电压矢量 u^* 进行直接选择的。因此，参考电压的准确性将直接决定选出的电压矢量组合的正确与否。然而，在复杂工况条件下（存在电机参数失配或误差并且负载存在扰动）很难保证预测的参考电压矢量是准确的，因此，有必要对参考电压的误差信息进行实时补偿从而实现准确的电压矢量选择。

本节首先对上一节的 MPDSC 方法进行简化，以便于后文的参数敏感性分析和观测器的建立。

1. MPDSC 的简化

为了便于分析电机参数失配和负载扰动对补偿电流和参考电压的影响，这里对第二节所介绍的 MPDSC 方法进行简化。

显然，采用梯形积分法的电流预测公式可以获得更加准确的预测电流，但同时也增加了电流预测的复杂度。为了便于分析这里以牺牲部分准确度为代价，采用一阶欧拉方程来进行电流预测。因此，基于电压方程式（2-11）和磁链方程式（2-12），可获得如下所示的预测电流方程[13]。

$$\begin{cases} i_{\mathrm{d}}(k+1) = \left(1 - \dfrac{T_{\mathrm{s}}R}{L}\right)i_{\mathrm{d}}(k) + T_{\mathrm{s}}\omega(t)i_{\mathrm{q}}(k) + \dfrac{T_{\mathrm{s}}}{L}\boldsymbol{u}_{\mathrm{d}}(k) \\ i_{\mathrm{q}}(k+1) = \left(1 - \dfrac{T_{\mathrm{s}}R}{L}\right)i_{\mathrm{q}}(k) - T_{\mathrm{s}}\omega(t)i_{\mathrm{d}}(k) + \dfrac{T_{\mathrm{s}}}{L}\boldsymbol{u}_{\mathrm{q}}(k) - \dfrac{T_{\mathrm{s}}\omega(t)\psi_{\mathrm{f}}}{L} \end{cases} \quad (6\text{-}35)$$

另一方面，第二节中参考电压预测式（6-11）也较为复杂，不利于量化分析系统参数敏感性。为了简化参考电压公式，将参考磁链计算式（6-12）代入参考预测电压式（6-11）中，可得简化后的参考电压公式如下：

$$\boldsymbol{u}^* = \begin{bmatrix} \boldsymbol{u}_{\mathrm{d}}^*(k+1) \\ \boldsymbol{u}_{\mathrm{q}}^*(k+1) \end{bmatrix}$$

$$= \begin{bmatrix} L\dfrac{i_{\mathrm{d}}^* - i_{\mathrm{d}}(k+1)}{T_{\mathrm{s}}} - \omega(t)Li_{\mathrm{q}}(k+1) + Ri_{\mathrm{d}}(k+1) \\ \dfrac{L}{T_{\mathrm{s}}}\left[\dfrac{2J[\omega^* - \omega(t)] + 2T_{\mathrm{sp}}pT_l}{3p^2\psi_{\mathrm{f}}T_{\mathrm{sp}}} - i_{\mathrm{q}}(k+1)\right] + \omega(t)[Li_{\mathrm{d}}(k+1) + \psi_{\mathrm{f}}] + Ri_{\mathrm{q}}(k+1) \end{bmatrix}$$

$$(6\text{-}36)$$

2. MPDSC 的参数敏感性分析

分析简化后的参考电压方程式（6-36）可知，当存在电机参数误差与负载扰动时（即定子电阻变化、定子电感变化、永磁体磁链变化、转动惯量变化，以及负载转矩扰动）都将导致参考电压预测不准确。而不准确的参考电压将直接导致选择错误的电压矢量，从而降低 MPDSC 方法的控制性能。因此，本节将通过计算在系统参数不准确，以及负载扰动影响下参考电压的误差来评估 MPDSC 方法的参数敏感性。

根据电流预测公式（6-35），当存在参数误差时，一拍延时补偿电流可由下式（6-37）表示。

$$
\begin{cases}
i_{\mathrm{de}}(k+1) = \left[1 - \dfrac{T_\mathrm{s}(R+\Delta R)}{L+\Delta L}\right]i_\mathrm{d}(k) + T_\mathrm{s}\omega(t)i_\mathrm{q}(k) + \dfrac{T_\mathrm{s}}{L+\Delta L}\boldsymbol{u}_\mathrm{d}(k) \\[2mm]
i_{\mathrm{qe}}(k+1) = \left[1 - \dfrac{T_\mathrm{s}(R+\Delta R)}{L+\Delta L}\right]i_\mathrm{q}(k) - T_\mathrm{s}\omega(t)i_\mathrm{d}(k) + \dfrac{T_\mathrm{s}}{L+\Delta L}\boldsymbol{u}_\mathrm{q}(k) - \dfrac{T_\mathrm{s}\omega(t)(\psi_\mathrm{f}+\Delta\psi_\mathrm{f})}{L+\Delta L}
\end{cases}
$$

$$(6\text{-}37)$$

式中，ΔL、$\Delta\psi_\mathrm{f}$、ΔR分别表示电机模型中的标称参数与真实参数的差值。因此，由于参数误差引起的一拍延时补偿电流误差可由式（6-37）与式（6-35）的差值所得，该延时补偿电流误差表达如下：

$$
\begin{cases}
E_\mathrm{d} = i_{\mathrm{de}}(k+1) - i_\mathrm{d}(k+1) = \dfrac{T_\mathrm{s}R\Delta L - T_\mathrm{s}\Delta RL}{L(L+\Delta L)}i_\mathrm{d}(k) - \dfrac{T_\mathrm{s}\Delta L}{L(L+\Delta L)}\boldsymbol{u}_\mathrm{d}(k) \\[3mm]
E_\mathrm{q} = i_{\mathrm{qe}}(k+1) - i_\mathrm{q}(k+1) = \dfrac{T_\mathrm{s}R\Delta L - T_\mathrm{s}\Delta RL}{L(L+\Delta L)}i_\mathrm{q}(k) - \dfrac{T_\mathrm{s}\Delta L}{L(L+\Delta L)}\boldsymbol{u}_\mathrm{q}(k) - \\[3mm]
\dfrac{T_\mathrm{s}\omega(t)}{L(L+\Delta L)}(\psi_\mathrm{f}\Delta L + \Delta\psi_\mathrm{f}L)
\end{cases}
$$

$$(6\text{-}38)$$

式中，E_d和E_q分别代表存在参数失配情况下 dq 轴一拍延时补偿电流的误差。由公式（6-38）可知，电机的定子电阻、永磁体磁链、定子电感直接影响了用于一拍延时补偿电流的准确性。显然，电感误差ΔL与补偿电流误差E_d和E_q成非线性关系，且电感误差ΔL对补偿电流误差E_d和E_q影响较大；电阻误差ΔR与E_d和E_q成正比关系，且影响较小；永磁体磁链误差$\Delta\psi_\mathrm{f}$仅与E_q有关，并成正比关系。

本节将参数失配下延时补偿电流误差表达式（6-38）改写为如下的形式：

$$
\begin{cases}
i_{\mathrm{de}}(k+1) = i_\mathrm{d}(k+1) + E_\mathrm{d} \\[2mm]
i_{\mathrm{qe}}(k+1) = i_\mathrm{q}(k+1) + E_\mathrm{q}
\end{cases}
$$

$$(6\text{-}39)$$

因此，在参数失配以及负载扰动的情况下，经过一拍延时补偿后的预测参考电压可重写为

$$
\begin{cases}
\boldsymbol{u}_{\mathrm{de}}^{*}(k+1) = (L+\Delta L)\dfrac{i_\mathrm{d}^{*} - i_\mathrm{d}(k+1) - E_\mathrm{d}}{T_\mathrm{s}} - \omega(t)(L+\Delta L)\left[i_\mathrm{q}(k+1) + E_\mathrm{q}\right] + \\[3mm]
(R+\Delta R)\left[i_\mathrm{d}(k+1) + E_\mathrm{d}\right] \\[3mm]
\boldsymbol{u}_{\mathrm{qe}}^{*}(k+1) = \dfrac{(L+\Delta L)}{T_\mathrm{s}}\left\{\dfrac{2(J+\Delta J)\left[\omega^{*} - \omega(t)\right] + 2T_{\mathrm{sp}}p(T_1 + \Delta T_1)}{3p^2(\psi_\mathrm{f}+\Delta\psi_\mathrm{f})T_{\mathrm{sp}}} - \left[i_\mathrm{q}(k+1) + E_\mathrm{q}\right]\right\} + \\[3mm]
\omega(t)\left[(L+\Delta L)\left[i_\mathrm{d}(k+1) + E_\mathrm{d}\right] + (\psi_\mathrm{f}+\Delta\psi_\mathrm{f})\right] + (R+\Delta R)\left[i_\mathrm{q}(k+1) + E_\mathrm{q}\right]
\end{cases}
$$

$$(6\text{-}40)$$

式中，$\boldsymbol{u}_{\mathrm{de}}^{*}(k+1)$和$\boldsymbol{u}_{\mathrm{qe}}^{*}(k+1)$分别表示有参数误差和负载扰动下经过一拍延时

补偿后参考电压的 d 轴与 q 轴的分量；ΔJ 为实际转动惯量与模型转动惯量的偏差；ΔT_l 为负载扰动。

同样，将公式（6-40）与不存在参数误差和负载扰动的参考电压模型［式（6-36）］相减，可得参考电压误差表达式为

$$\begin{cases} D_{\mathrm{d}} = \boldsymbol{u}_{\mathrm{de}}^{*}(k+1) - \boldsymbol{u}_{\mathrm{d}}^{*}(k+1) \\ \qquad = \dfrac{1}{T_{\mathrm{s}}}\big[\Delta L i_{\mathrm{d}}^{*} - \Delta L i_{\mathrm{d}}(k+1) - (L+\Delta L)E_{\mathrm{d}}\big] - \omega(t)\big[\Delta L i_{\mathrm{q}}(k+1) + (L+\Delta L)E_{\mathrm{q}}\big] + \\ \qquad\quad \Delta R i_{\mathrm{d}}(k+1) + (R+\Delta R)E_{\mathrm{d}} \\ D_{\mathrm{q}} = \boldsymbol{u}_{\mathrm{qe}}^{*}(k+1) - \boldsymbol{u}_{\mathrm{q}}^{*}(k+1) \\ \qquad = \dfrac{1}{T_{\mathrm{s}}}\big[(L+\Delta L)i_{\mathrm{qe}}^{*} - L i_{\mathrm{q}}^{*} - \Delta L i_{\mathrm{q}}(k+1) - (L+\Delta L)E_{\mathrm{q}}\big] + \\ \qquad\quad \omega(t)\big[\Delta L i_{\mathrm{d}}(k+1) + (L+\Delta L)E_{\mathrm{d}} + \Delta\psi_{\mathrm{f}}\big] + \Delta R i_{\mathrm{q}}(k+1) + (R+\Delta R)E_{\mathrm{q}} \end{cases}$$

(6-41)

式中，D_{d} 和 D_{q} 分别代表参数失配且有负载扰动下一拍延时补偿后的 d 轴和 q 轴参考电压误差；$i_{\mathrm{qe}}^{*} = \dfrac{2(J+\Delta J)\big[\omega^{*} - \omega(t)\big]}{3p^{2}(\psi_{\mathrm{f}}+\Delta\psi_{\mathrm{f}})T_{\mathrm{sp}}} + \dfrac{2(T_l+\Delta T_l)}{3p(\psi_{\mathrm{f}}+\Delta\psi_{\mathrm{f}})}$；$i_{\mathrm{q}}^{*} = \dfrac{2J\big[\omega^{*} - \omega(t)\big]}{3p^{2}\psi_{\mathrm{f}}T_{\mathrm{sp}}} + \dfrac{2T_l}{3p\psi_{\mathrm{f}}}$。

从式（6-41）可以看出，不仅仅是参数的不确定和负载扰动对参考电压的预测产生一定影响，而且补偿电流的不准确对参考电压的预测也有影响。为了分析参数误差和负载扰动对参考电压的具体影响，本文绘制了系统稳态运行下（$\omega^{*} = \omega = 157\mathrm{rad/s}$；$T_l = 4\mathrm{N}\cdot\mathrm{m}$；$u_{\mathrm{d}} = -6.5\mathrm{V}$；$u_{\mathrm{q}} = 48.79\mathrm{V}$；$i_{\mathrm{d}}^{*} = i_{\mathrm{d}} = 0\mathrm{A}$；$i_{\mathrm{q}}^{*} = i_{\mathrm{q}} = 3.7\mathrm{A}$）参数误差/负载扰动与参考电压误差的关系图，如图 6-17 所示。

如图 6-17a 所示，负载扰动 ΔT_l 只影响 q 轴的参考电压误差，对 d 轴的参考电压没有影响。图 6-17b 表明电感失配 ΔL 对 d 轴的参考电压误差值影响较大，但对 q 轴的参考电压影响较小。从图 6-17c 和图 6-17d 可以看出，电阻失配 ΔR 和磁链失配 $\Delta\psi_{\mathrm{f}}$ 对 q 轴参考电压误差的影响大于对 d 轴参考电压误差的影响。并且，相比于电阻失配对 q 轴参考电压误差的影响，磁链的不确定性使得 q 轴参考电压误差变化更大一些。

值得注意的是，当仅有转动惯量失配的情况下，参考电压误差公式可简化为

$$\begin{cases} D_{\mathrm{d}} = 0 \\ D_{\mathrm{q}} = \dfrac{2\Delta J L\big[\omega^{*} - \omega(t)\big]}{3p^{2}\psi_{\mathrm{f}}R_{\mathrm{sp}}T_{\mathrm{s}}} \end{cases}$$

(6-42)

因此，仅当系统处于动态变化时，即，$\omega^{*} - \omega(t) \neq 0$，转动惯量的误差才会对参考电压的预测产生影响。换句话说，当系统处于稳态时，可以认为转动惯量的误差对系统控制性能没有影响。而图 6-17e 进一步验证了转动惯量在稳态情况下

对参考电压影响的理论分析结果。

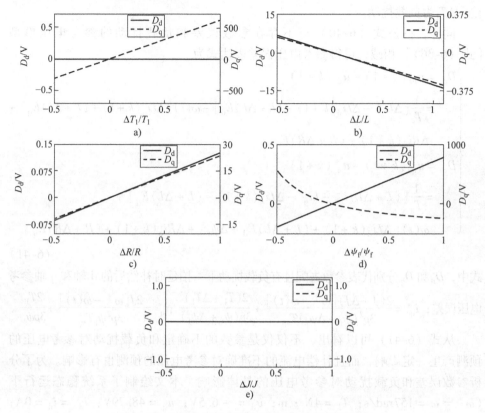

图 6-17 参数失配和负载扰动对参考电压的影响

显然，参数失配和负载扰动对参考电压的影响很大。因此，有必要设计一个观测器，能同时观测电机参数（定子电阻 R、永磁体磁链 ψ_f、定子电感 L 和转动惯量 J）和负载扰动产生的误差，并实时进行系统补偿以提高系统鲁棒性。

6.3.2 全参数及负载转矩观测器

本节设计了一种全参数及负载转矩观测器，可同时观测由电机参数和负载扰动引起的参考电压偏差，省略了额外的负载转矩观测器或扭矩测量装置；另一方面，观测器观测的电流可代替一拍延时补偿电流，从而消除由于电参数失配引起的补偿电流误差，而观测的转速可代替检测转速，从而抑制光电编码器带来的高频噪声。

1. 全参数及负载转矩观测器（FPLO）设计

根据滑模控制理论，首先，需要设计合适的滑模面。这里选择转速与电流构建的线性滑模面如式（6-43）所示：

$$\begin{cases} s_{\mathrm{d}} = \hat{i}_{\mathrm{d}} - i_{\mathrm{d}} \\ s_{\omega} = \hat{\omega} - \omega \end{cases} \tag{6-43}$$

其次，需要建立滑模控制函数。根据简化后 MPDSC 方法的参考电压方程式（6-36）可知，当存在电机参数失配、负载变化和 q 轴补偿电流误差时的电压方程为

$$\begin{cases} u_{\mathrm{d}}(k) = \dfrac{L}{T_{\mathrm{s}}}[i_{\mathrm{d}}(k+1) - i_{\mathrm{d}}(k)] - \omega(t)Li_{\mathrm{q}}(k+1) + Ri_{\mathrm{d}}(k) + f_{\mathrm{d}}(k) \\[2mm] \dfrac{f_{\mathrm{d}}(k+1) - f_{\mathrm{d}}(k)}{T_{\mathrm{s}}} = F_{\mathrm{d}} \\[2mm] u_{\mathrm{q}}(k) = \dfrac{L}{T_{\mathrm{s}}}\left[\dfrac{2J[\omega(t+1) - \omega(t)] + 2T_{\mathrm{sp}}pT_{1}}{3p^{2}\psi_{\mathrm{f}}T_{\mathrm{sp}}} - i_{\mathrm{q}}(k+1)\right] + \omega(t)[Li_{\mathrm{d}}(k) + \psi_{\mathrm{f}}] + Ri_{\mathrm{q}}(k+1) + f_{\mathrm{q}}(k) \\[2mm] \dfrac{f_{\mathrm{q}}(k+1) - f_{\mathrm{q}}(k)}{T_{\mathrm{sp}}} = F_{\mathrm{q}} \end{cases} \tag{6-44}$$

式中，F_{d}、F_{q} 分别代表电压估计扰动 f_{d}、f_{q} 的变化率；f_{d}、f_{q} 分别代表有电机参数失配以及负载扰动下 d 轴与 q 轴电压的扰动估计值，其具体表达式如下：

$$\begin{cases} f_{\mathrm{d}}(k) = \dfrac{\Delta L}{T_{\mathrm{s}}}[i_{\mathrm{d}}(k+1) - i_{\mathrm{d}}(k)] - \omega(t)[\Delta Li_{\mathrm{q}}(k+1) + LE_{\mathrm{q}} + \Delta LE_{\mathrm{q}}] + \Delta Ri_{\mathrm{d}}(k) \\[2mm] f_{\mathrm{q}}(k) = \dfrac{1}{T_{\mathrm{s}}}\{(L + \Delta L)i_{\mathrm{qe}}^{\mathrm{r}} - Li_{\mathrm{q}}^{\mathrm{r}} - [\Delta Li_{\mathrm{q}}(k+1) + LE_{\mathrm{q}} + \Delta LE_{\mathrm{q}}]\} + \\[2mm] \qquad\quad \omega(t)[\Delta Li_{\mathrm{d}}(k) + \Delta\psi_{\mathrm{f}}] + [\Delta Ri_{\mathrm{q}}(k+1) + RE_{\mathrm{q}} + \Delta RE_{\mathrm{q}}] \end{cases} \tag{6-45}$$

式中，

$$i_{\mathrm{qe}}^{\mathrm{r}} = \dfrac{2(J + \Delta J)[\omega(t+1) - \omega(t)]}{3p^{2}(\psi_{\mathrm{f}} + \Delta\psi_{\mathrm{f}})T_{\mathrm{sp}}} + \dfrac{2(T_{1} + \Delta T_{1})}{3p(\psi_{\mathrm{f}} + \Delta\psi_{\mathrm{f}})}; \quad i_{\mathrm{q}}^{\mathrm{r}} = \dfrac{2J[\omega(t+1) - \omega(t)]}{3p^{2}\psi_{\mathrm{f}}T_{\mathrm{sp}}} + \dfrac{2T_{1}}{3p\psi_{\mathrm{f}}}。$$

由上式可以看出，f_{d} 和 f_{q} 包括全参数误差（ΔL、$\Delta\psi_{\mathrm{f}}$、ΔR、ΔJ）、负载转矩误差（ΔT_{1}）和用公式（6-38）表示的 q 轴的补偿电流误差。

根据方程式（6-44），可设计滑模观测器如下：

$$\begin{cases} u_{\mathrm{d}}(k) = \dfrac{L}{T_{\mathrm{s}}}[\hat{i}_{\mathrm{d}}(k+1) - \hat{i}_{\mathrm{d}}(k)] - \omega(t)Li_{\mathrm{q}}(k+1) + R\hat{i}_{\mathrm{d}}(k) + \hat{f}_{\mathrm{d}}(k) + U_{\mathrm{dsmo}} \\[2mm] \dfrac{\hat{f}_{\mathrm{d}}(k+1) - \hat{f}_{\mathrm{d}}(k)}{T_{\mathrm{s}}} = g_{\mathrm{d}}U_{\mathrm{dsmo}} \\[2mm] u_{\mathrm{q}}(k) = \dfrac{L}{T_{\mathrm{s}}}\left\{\dfrac{2J[\hat{\omega}(t+1) - \hat{\omega}(t)] + 2T_{\mathrm{sp}}pT_{1}}{3p^{2}\psi_{\mathrm{f}}T_{\mathrm{sp}}} - i_{\mathrm{q}}(k+1)\right\} + \hat{\omega}(t)[Li_{\mathrm{d}}(k) + \psi_{\mathrm{f}}] + Ri_{\mathrm{q}}(k+1) + \hat{f}_{\mathrm{q}}(k) + U_{\mathrm{qsmo}} \\[2mm] \dfrac{\hat{f}_{\mathrm{q}}(k+1) - \hat{f}_{\mathrm{q}}(k)}{T_{\mathrm{s}}} = g_{\mathrm{q}}U_{\mathrm{qsmo}} \end{cases} \tag{6-46}$$

式中，$\hat{i}_d$ 表示 d 轴电流的观测量；$\hat{\omega}$ 为转速观测量；$\hat{f}_d$ 和 $\hat{f}_q$ 分别表示扰动估计值的观测量；系数 g_d 和 g_q 代表滑模增益系数；U_{dsmo} 和 U_{qsmo} 分别为 d 轴、q 轴电压的滑模控制函数。

进一步，将方程式（6-46）与方程式（6-44）相减，可得滑模误差方程如下：

$$\begin{cases} \dfrac{s_d(k+1) - s_d(k)}{T_s} = -\dfrac{R}{L}s_d(k) - \dfrac{1}{L}e_{fd}(k) - \dfrac{1}{L}U_{dsmo} \\[2mm] \dfrac{e_{fd}(k+1) - e_{fd}(k)}{T_s} = g_d U_{dsmo} - F_d \\[2mm] \dfrac{s_\omega(t+1) - s_\omega(t)}{T_{sp}} = -\dfrac{3p^2\psi_f T_s}{2JL}\{s_\omega(t)[Li_d(k) + \psi_f] + e_{fq}(k) + U_{qsmo}\} \\[2mm] \dfrac{e_{fq}(k+1) - e_{fq}(k)}{T_{sq}} = g_q U_{qsmo} - F_q \end{cases}$$

(6-47)

式中，e_{fd} 为 d 轴电压的扰动估计误差，即：$e_{fd} = \hat{f}_d - f_d$；e_{fq} 为 q 轴电压的扰动估计误差，即，$e_{fq} = \hat{f}_q - f_q$。

为了使系统状态量精准、快速地收敛到滑模平面，这里采用变速趋近的方式趋近于滑模平面，该趋近率具体表达为

$$\frac{ds}{dt} = -K_s |s| \text{sign}(s)$$ (6-48)

式中，K_s 为趋近率参数。

结合本节选择的滑模面［式（6-43）］以及式（6-48），离散化的趋近函数可表达为

$$\begin{cases} \dfrac{s_d(k+1) - s_d(k)}{T_s} = -K_d |s_d(k)| \text{sign}[s_d(k)] \\[2mm] \dfrac{s_\omega(t+1) - s_\omega(t)}{T_{sp}} = -K_\omega |s_\omega(t)| \text{sign}[s_\omega(t)] \end{cases}$$

(6-49)

将式（6-49）代入式（6-47）中，并将 e_{fd}、e_{fq} 作为滑模控制函数的扰动量包含于 U_{dsmo} 和 U_{qsmo} 中，可得滑模控制函数的表达式如下：

$$\begin{cases} U_{dsmo} = -Rs_d(k) + LK_d |s_d(k)| \text{sign}[s_d(k)] \\[2mm] U_{qsmo} = -s_\omega(t)[Li_d(k) + \psi_f] + \dfrac{2JLK_\omega |s_\omega(t)|}{3p^2\psi_f T_s}\text{sign}[s_\omega(t)] \end{cases}$$

(6-50)

最后，根据方程式（6-44）可得滑模观测器公式如下：

$$\begin{cases} \hat{i}_{\mathrm{d}}(k+1) = \left(1 - \dfrac{T_{\mathrm{s}}R}{L}\right)\hat{i}_{\mathrm{d}}(k) + T_{\mathrm{s}}\omega(t)i_{\mathrm{q}}(k+1) + \dfrac{T_{\mathrm{s}}}{L}u_{\mathrm{d}}(k) - \dfrac{T_{\mathrm{s}}}{L}\hat{f}_{\mathrm{d}}(k) - \dfrac{T_{\mathrm{s}}}{L}U_{\mathrm{dsmo}} \\[2mm] \hat{f}_{\mathrm{d}}(k+1) = \hat{f}_{\mathrm{d}}(k) + T_{\mathrm{s}}g_{\mathrm{d}}U_{\mathrm{dsmo}} \\[2mm] \hat{\omega}(t+1) = \hat{\omega}(t) + \dfrac{3p^2\psi_{\mathrm{f}}T_{\mathrm{s}}T_{\mathrm{sp}}}{2LJ}\left\{ \begin{aligned} &u_{\mathrm{q}}(k) - \dfrac{2LT_l}{3p\psi_{\mathrm{f}}T_{\mathrm{s}}} + \left(\dfrac{L}{T_{\mathrm{s}}-R}\right)i_{\mathrm{q}}(k+1) - \\ &\hat{\omega}(t)\left[Li_{\mathrm{d}}(k)+\psi_{\mathrm{f}}\right] - \hat{f}_{\mathrm{q}}(k) - U_{\mathrm{qsmo}} \end{aligned} \right\} \\[2mm] \hat{f}_{\mathrm{q}}(k+1) = \hat{f}_{\mathrm{q}}(k) + T_{\mathrm{sp}}g_{\mathrm{q}}U_{\mathrm{qsmo}} \end{cases}$$

$$(6\text{-}51)$$

FPLO 原理框图如图 6-18 所示。该观测器的输入量为电流和转速，输出量为估计电流，估计转速以及 d 轴和 q 轴电压的扰动估计误差。

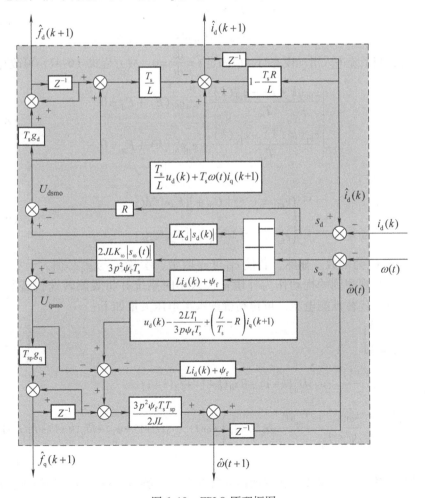

图 6-18　FPLO 原理框图

2. 观测器参数整定

为了确保观测器稳定，合适的观测器系数是非常必要的。基于李雅普诺夫理论[14]可知，当满足不等式（6-52）所列的滑模到达条件时，滑模观测器稳定。

$$s\frac{\mathrm{d}s}{\mathrm{d}t}<0 \tag{6-52}$$

因此，将式（6-47）代入离散化的式（6-52）中可得：

$$\begin{cases} s_{\mathrm{d}}\Big[-\dfrac{R}{L}s_{\mathrm{d}}(k)-\dfrac{1}{L}e_{\mathrm{fd}}(k)-\dfrac{1}{L}U_{\mathrm{dsmo}}\Big]<0 \\[3mm] -s_{\omega}\dfrac{3p^2\psi_{\mathrm{f}}T_{\mathrm{s}}}{2JL}\big[s_{\omega}(t)\big[Li_{\mathrm{d}}(k)+\psi_{\mathrm{f}}\big]+e_{\mathrm{fq}}(k)+U_{\mathrm{qsmo}}\big]<0 \end{cases} \tag{6-53}$$

进一步，将式（6-50）代入式（6-53）中，可得趋近率参数 K_{s} 的取值范围为

$$\begin{cases} K_{\mathrm{d}}>|e_{\mathrm{fd}}|/L \\ K_{\omega}>|e_{\mathrm{fq}}|/L \end{cases} \tag{6-54}$$

另外，当系统进入滑动模态时，应满足 $s=\dfrac{\mathrm{d}s}{\mathrm{d}t}=0$，故方程式（6-47）可改写为

$$\begin{cases} \dfrac{e_{\mathrm{fd}}(k+1)-e_{\mathrm{fd}}(k)}{T_{\mathrm{s}}}+g_{\mathrm{d}}e_{\mathrm{fd}}(k)+F_{\mathrm{d}}=0 \\[3mm] \dfrac{e_{\mathrm{fq}}(k+1)-e_{\mathrm{fq}}(k)}{T_{\mathrm{sp}}}+g_{\mathrm{q}}e_{\mathrm{fq}}(k)+F_{\mathrm{q}}=0 \end{cases} \tag{6-55}$$

求解上式可得：

$$\begin{cases} e_{\mathrm{fd}}=e^{-g_{\mathrm{d}}t}\Big[C_{\mathrm{d}}+\displaystyle\int F_{\mathrm{d}}e^{g_{\mathrm{d}}t}\mathrm{d}t\Big] \\[3mm] e_{\mathrm{fq}}=e^{-g_{\mathrm{q}}t}\Big[C_{\mathrm{q}}+\displaystyle\int F_{\mathrm{q}}e^{g_{\mathrm{q}}t}\mathrm{d}t\Big] \end{cases} \tag{6-56}$$

式中，C_{d} 和 C_{q} 为常数。显然，若使 e_{fd} 与 e_{fq} 收敛，参数 g_{d} 与 g_{q} 必须大于零。

最后，将观测到的扰动作为补偿量代入实时系统并将观测转速代替测量转速，观测电流代替预测电流，可得精确的参考电压矢量如下：

$$\begin{aligned} u^* &= \begin{bmatrix} u_{\mathrm{d}}^*(k+1) \\ u_{\mathrm{q}}^*(k+1) \end{bmatrix} \\[3mm] &= \begin{bmatrix} L\dfrac{i_{\mathrm{d}}^*-\hat{i}_{\mathrm{d}}(k+1)}{T_{\mathrm{s}}}-\omega(t)Li_{\mathrm{q}}(k+1)+R\hat{i}_{\mathrm{d}}(k+1)+\hat{f}_{\mathrm{d}}(k+1) \\[4mm] \dfrac{L}{T_{\mathrm{s}}}\Big\{\dfrac{2J[\omega^*-\hat{\omega}(t)]+2T_{\mathrm{sp}}pT_1}{3p^2\psi_{\mathrm{f}}T_{\mathrm{sp}}}-i_{\mathrm{q}}(k+1)\Big\}+\hat{\omega}(t)\big[L\hat{i}_{\mathrm{d}}(k+1)+\psi_{\mathrm{f}}\big]+Ri_{\mathrm{q}}(k+1)+\hat{f}_{\mathrm{q}}(k+1) \end{bmatrix} \end{aligned} \tag{6-57}$$

综上，基于全参数及负载观测器的鲁棒模型预测直接速度控制的原理框图如图 6-19 所示。

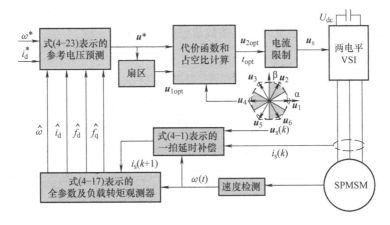

图 6-19　MPDSC + FPLO 方法的原理框图

6.3.3　实验结果

为了便于比较，本节将提出的 MPDSC + FPLO 方法与模型预测直接速度控制（MPDSC）和第一节介绍的过滤高频电流的速度预测控制（本章称为 DSC）进行实验对比，验证所设计观测器的有效性，其中 MPDSC 与 DSC 两种方法的转矩信息通过扩展滑模负载转矩观测器获得。

1. 稳态对比

图 6-20 ~ 图 6-24 给出了三种方法在参数失配和负载扰动情况下的稳态波形。图 6-20 显示了负载转矩变化后三种方法的转速和电流波形。显然，本节所提出的 MPDSC + FPLO 方法与 MPDSC 方法和 DSC 方法具有相似的控制性能，都具有良好的抗转矩干扰能力。然而，本节所提方法（MPDSC + FPLO）无须单独设计负载转矩观测器或负载检测装置。

从图 6-21b 可以看出，在 MPDSC 方法的控制下，由于电感失配，系统存在振幅为 15r/min 的速度波动和振幅为 1.2A 的 d 轴电流波动。同样，图 6-21a 显示了在 DSC 方法控制下电感失配引起的转速波动幅度和 d 轴电流波动幅度分别为 21r/min 和 1.5A。然而，当采用 MPDSC + FPLO 方法时，如图 6-21c 所示，由于电感失配引起的转速振荡和 d 轴电流纹波可以得到很好的抑制。

从图 6-22b 和图 6-22c、图 6-23b 和图 6-23c 可以看出磁链和电阻的失配将导致转速的静差。图 6-22 表明，当存在一倍磁链误差的情况下，采用 MPDSC 控制方式和 DSC 控制方式将分别存在 8r/min 和 10r/min 的转速静差；另一方面，如图 6-23 所示，当预测模型的电阻值为实际值的 3 倍时，MPDSC 控制方式和 DSC 控制方式将分别产生 3r/min 和 5r/min 的转速静差。因此，进一步证明电阻相比于磁链对系统的影响较小，此结论与理论分析一致。

当转动惯量参数失配时，三种方法的比较结果如图 6-24 所示。三种方法在稳态下的控制性能无明显变化，与参数敏感性分析结果一致。

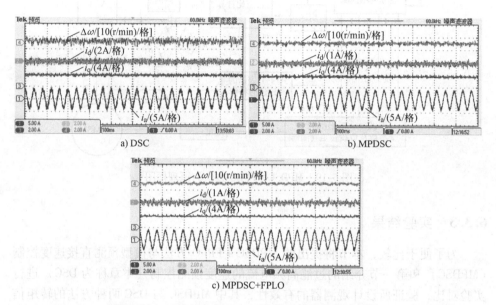

图 6-20　三种方法在 4N·m 负载下的稳态实验结果

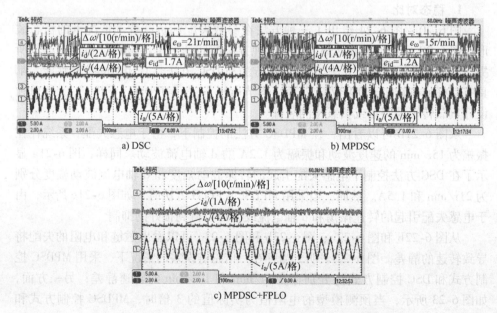

图 6-21　三种方法在模型电感为实际电感 3 倍时的稳态实验结果

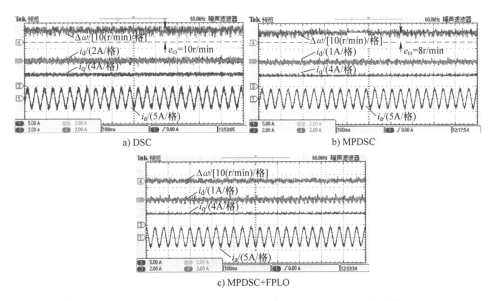

图 6-22　三种方法在模型磁链为实际磁链 2 倍时的稳态实验结果

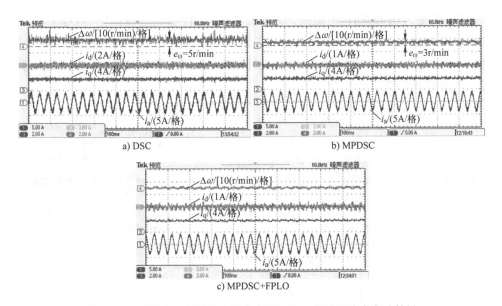

图 6-23　三种方法在模型电阻为实际电阻 3 倍时的稳态实验结果

2. 动态对比

　　除了比较稳态控制性能外，本文还对三种方法的动态特性进行了实验比较。图 6-25 描述了负载转矩和所有参数（电感由 11mH 突变为 33mH；磁链由

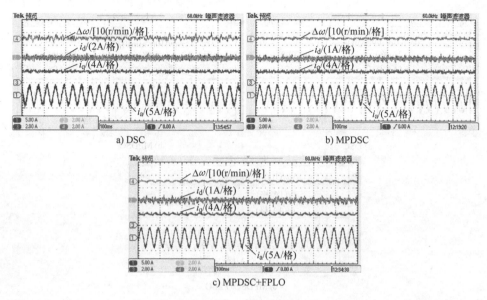

a) DSC

b) MPDSC

c) MPDSC+FPLO

图 6-24　三种方法在模型转动惯量为实际转动惯量 2 倍时的稳态实验结果

0.24Wb 突变为 0.48Wb；电阻由 3Ω 突变为 9Ω；转动惯量由 0.00129kg · m² 突变为 0.00258kg · m²；转矩由 0N · m 突变为 4N · m）突变时三种方法的控制性能。可以看出，本节所提出的方法能及时观测参数失配和负载转矩变化引起的误差，并对控制系统进行补偿。

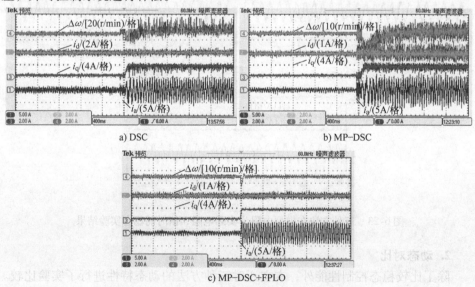

a) DSC

b) MP–DSC

c) MP–DSC+FPLO

图 6-25　三种方法在参数和负载突变时的动态实验结果

6.4　本章小结

本章研究了永磁同步电机的速度预测控制，介绍了传统 DSC 方法的基本原理和优缺点。并且针对传统 DSC 方法中计算量大、权重因子设计繁杂等问题，提出了基于直接电压矢量选择的无权重模型预测速度控制（MPDSC）方案。利用无差拍控制原理将参考转速和参考磁链转化成等效的参考电压矢量，有效地统一了两个被控变量的量纲。进一步构建基于追踪参考电压矢量误差的代价函数，消除了传统 DSC 方法中用于平衡转速与电流的权重因子。在此基础上，本章基于等效参考电压矢量设计了快速电压矢量选择方法，有效地减少了预测控制算法运行的时间。另外，本章提出了一种基于电压限制圆的速度预测控制限流方法，用电机的最大相电流求取两相静止坐标系上的电压限制圆，并对比代价函数筛选出来的电压矢量与限制圆的位置关系重新修正最优电压矢量，最后作用于电机，有效抑制了电机过电流现象。实验结果表明本文所提出的 MPDSC 方法不但减少了计算量、消除了权重因子，还具有与传统 DSC 方法相似的动态性能以及良好的稳态效果。

其次，进一步研究了 MPDSC 方法的参数鲁棒性问题，并量化计算了 MPDSC 方法中各参数和负载扰动对系统控制性能的影响。为了解决 MPDSC 方法对参数依赖性强的问题，本章提出了一种 MPDSC + FPLO 方法，利用 MPDSC 的简化数学模型和滑模控制理论构建全参数及负载观测器（FPLO），观测电机的机械参数和电气参数失配时引起的参考电压误差，并对负载扰动产生的参考电压误差进行同步观测，将全部观测值进行前馈作为补偿量校正参考电压值。实验结果表明 MPDSC + FPLO 方法可有效地抑制参数和负载扰动对系统产生的影响。

参 考 文 献

[1] GEYER T, Quevedo D E. Multistep finite control set model predictive control for power electronics [J]. IEEE Transactions on Power Electronics, 2014, 29 (12): 6836 - 6846.

[2] VARGAS R, AMMANN U, RODRIGUEZ J, et al. Predictive strategy to control common - mode voltage in loads fed by matrix converters [J]. IEEE Transactions on Industrial Electronics, 2008, 55 (12): 4372 - 4380.

[3] RODRIGUEZ J. Predictive current control of a voltage source inverter [J]. IEEE Transactions on Industrial Electronics, 2007, 54 (1): 495 - 503.

[4] BECCUTI A G, MARIETHOZ S, CLIQUENNOIS S, et al. Explicit model predictive control of DC - DC switched - mode power supplies with extended kalman filtering [J]. IEEE Transactions on Industrial Electronics, 2009, 56 (6): 1864 - 1874.

[5] MARIETHOZ S, DOMAHIDI A, MORARI M. Sensorless explicit model predictive control of

permanent magnet synchronous motors ［C］// IEEE International Electric Machines and Drives Conference, Miami: IEEE, 2009, 1250 – 1257.

［6］刘伟. 表贴式永磁同步电机模型预测直接速度控制［D］. 天津：天津工业大学，2020.

［7］FUENTES E J, SILVA C A, YUZ J I. Predictive speed control of a two – mass system driven by a permanent magnet synchronous motor［J］. IEEE Transactions on Industrial Electronics, 2012, 59（7）: 2840 – 2848.

［8］李庆杨，王能超，易大义. 数值分析［M］. 北京：清华大学出版社，2008.

［9］ZHANG X , HE Y. Direct voltage – selection based model predictive direct speed control for PMSM drives without weighting factor［J］. IEEE Transactions on Power Electronics, 2019, 34（8）: 7838 – 7851.

［10］ZHANG X, CHENG Y, Zhao Z, et al. Robust model predictive direct speed control for SPMSM drives based on full parameter disturbances and load observer［J］. IEEE Transactions on Power Electronics, 2020, 35（8）: 8361 – 8373.

［11］HABIBULLAH SM, LU D D. A speed – sensorless FS – PTC of induction motors using extended kalman filters［J］. IEEE Transactions on Industrial Electronics, 2015, 62（11）: 6765 – 6778.

［12］ZHANG X, HOU B. Double vectors model predictive torque control without weighting factor based on voltage tracking error［J］. IEEE Transactions on Power Electronics, 2018, 33（3）: 2368 – 2380.

［13］ZHANG X, ZHANG L, ZHANG Y. Model predictive current control for PMSM drives with parameter robustness improvement［J］. IEEE Transactions on Power Electronics, 2019, 34（2）: 1645 – 1657.

［14］ZHANG X, SUN L, ZHAO K, et al. Nonlinear speed control for PMSM system using sliding – mode control and disturbance compensation techniques［J］. IEEE Transactions on Power Electronics, 2013, 28（13）: 1358 – 1365.

第 7 章

基于死区电压矢量的模型预测控制

在 PMSM 控制系统中，为了避免电源短路以及逆变器开关器件的损坏，必须在 PWM 周期中配置死区以避免逆变器在开关状态切换时同一相桥臂的上下两个 IGBT 的直通。然而，死区的存在，使得最终作用于逆变器的电压矢量与通过 MPCC 预测得到的理想电压矢量之间存在误差，这将对传统 MPCC 方法的控制性能产生影响。

为了减少交流电机模型预测控制中因死区时间引起的电压误差和定子电流失真，首先，本章以永磁同步电机为控制对象，在 MPCC 基础上提出了一种新的控制算法对死区进行补偿，以消除死区施加所导致的负面影响；另一方面，本章对传统 MPCC 方法的死区效应进行了详细分析，并且提出了基于死区电压矢量的 MPCC 方法（Dead – time Voltage Vector MPCC，DTVV – MPCC）[1,2]。所提出的 DTVV – MPCC 方法能够充分利用 MPCC 的死区效应，并突破传统模型预测控制死区时间固定的限制，在线实时调整死区时间，同时在预测模型中将死区等效为电压矢量，提升了 MPCC 方法的电流控制自由度；同时，DTVV – MPCC 方法的开关频率与传统 MPCC 方法相似，但稳态性能显著提升。

7.1 死区的影响

7.1.1 死区对逆变器输出电压的影响

在实际应用中，为了避免同一相桥臂的上下 IGBT 直通造成的电源短路与开关器件的损坏，死区必须被配置并应用于 PWM 控制周期中。理想的 PWM 信号与实际 PWM 信号如图 7-1 所示。

从图（7-1）可以看出，死区的存在会引起输出电压的误差，电压误差表达式如下所示[3]：

$$\Delta u_{\mathrm{n}} = -\frac{t_{\mathrm{d}}}{T} U_{\mathrm{dc}} \mathrm{sign}(i_{\mathrm{x}}) \tag{7-1}$$

式中，i_{x}（$x = \mathrm{a}$、b、c）代表相电流；$\mathrm{sign}(i_{\mathrm{x}})$ 表示符号函数；t_{d} 表示死区时间；U_{dc} 是逆变器直流侧电压。基于式（7-1），三相电压误差的

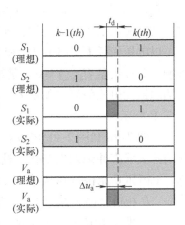

图 7-1 PWM 信号与输出相电压

平均值可表示为[3]

$$
\begin{cases}
\Delta u_{a} = |\Delta u_{n}| \left[\dfrac{2\mathrm{sign}(i_{a}) - \mathrm{sign}(i_{b}) - \mathrm{sign}(i_{c})}{3} \right] \\[2mm]
\Delta u_{b} = |\Delta u_{n}| \left[\dfrac{2\mathrm{sign}(i_{b}) - \mathrm{sign}(i_{a}) - \mathrm{sign}(i_{c})}{3} \right] \\[2mm]
\Delta u_{c} = |\Delta u_{n}| \left[\dfrac{2\mathrm{sign}(i_{c}) - \mathrm{sign}(i_{b}) - \mathrm{sign}(i_{a})}{3} \right]
\end{cases} \tag{7-2}
$$

通过欧拉公式，式（7-2）可被重新表示为[3]

$$
\begin{cases}
\Delta u_{a} = \dfrac{4|\Delta u_{n}|}{\pi}\left[\sin(\omega t) + \sum_{n=6k\pm1}^{\infty} \dfrac{\sin(n\omega t)}{n} \right] \\[3mm]
\Delta u_{b} = \dfrac{4|\Delta u_{n}|}{\pi}\left[\sin\left(\omega t - \dfrac{2}{3}\pi\right) + \sum_{n=6k\pm1}^{\infty} \dfrac{\sin\left(n\left\{\omega t - \dfrac{2}{3}\pi\right\}\right)}{n} \right] \\[3mm]
\Delta u_{c} = \dfrac{4|\Delta u_{n}|}{\pi}\left[\sin\left(\omega t + \dfrac{2}{3}\pi\right) + \sum_{n=6k\pm1}^{\infty} \dfrac{\sin\left(n\left\{\omega t + \dfrac{2}{3}\pi\right\}\right)}{n} \right]
\end{cases} \tag{7-3}
$$

以上分析证明了死区的存在将引起理想输出电压与实际输出电压之间的误差。并且，这一误差主要取决于死区持续时间与相电流方向。

7.1.2 死区电压矢量及其对模型预测控制的影响

对于传统模型预测控制方法，每个控制周期内只作用一个最优矢量，即逆变器开关状态仅仅会在控制周期刚开始时发生变化。因此，死区仅被配置在控制周期的最开始阶段。然而，不是每个控制周期内的每个桥臂都需要配置死区。如前文所述，如果一相桥臂在第 k 周期和 $k-1$ 周期的开关状态不一致，则死区需要配置在控制周期中。但是，若是一个桥臂在第 k 周期和 $k-1$ 周期的开关状态一致，则控制周期中不需要配置死区。

以电压矢量 U_1（100）和 U_2（110）为例来说明死区对模型预测控制的影响。假设矢量 U_1（100）是第 $k-1$ 周期的最优电压矢量，U_2（110）是第 k 周期的最优电压矢量。矢量 U_1（100）和 U_2（110）的开关状态如图 7-2a 和图 7-2b 所示。

从图 7-2a 和图 7-2b 可以看出，从第 $k-1$ 周期到第 k 周期，A 相和 C 相桥臂的开关状态并未发生变化。这就意味着 A 相和 C 相桥臂不需要配置死区。因此，A 相和 C 相桥臂在从第 $k-1$ 周期过渡到第 k 周期时，开关状态保持不变。然而，B 相桥臂由于在第 $k-1$ 周期和第 k 周期内的开关状态不同，因此需要配置死区，即 B 相桥臂的上下两个开关管（S_3 和 S_4）在死区时间段内全都关断，

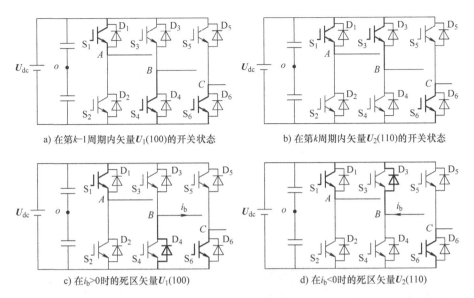

a) 在第*k*-1周期内矢量U_1(100)的开关状态　　　　b) 在第*k*周期内矢量U_2(110)的开关状态

c) 在i_b>0时的死区矢量U_1(100)　　　　d) 在i_b<0时的死区矢量U_2(110)

图 7-2　矢量的开关状态

如图 7-2c 和 d 所示。值得注意的是，*B* 相桥臂在死区时间内的开关状态由相电流决定，如图 7-2c，当 *B* 相电流为正时，二极管 D_4 导通。此时，S_4 可视为处于导通状态。在这种情况下，死区时间内的逆变器开关状态与矢量 U_1（１００）相同。在本文中，由死区产生的电压矢量被称为死区电压矢量。因此，当 *B* 相电流方向为正时，死区电压矢量为 U_1（１００）；另一方面，在 *B* 相电流方向为负时，二极管 D_3 将导通，所以 S_3 可视为处于导通状态。此时，死区电压矢量为 U_2（１１０）。相似地，当不同桥臂存在死区时，在死区时间内将产生不同的死区电压矢量。以上分析表明，死区电压矢量取决于需要配置死区的桥臂的相电流。

为了分析死区电压矢量（$U_{deadtime}$）对模型预测控制效果产生的影响，假设死区存在，且矢量 U_1（１００）被视为所选的最优矢量（U_{opt}）。当不同的死区电压矢量存在时，参考电压矢量与实际所选电压矢量之间的电压误差如图 7-3 所示。

如图 7-3a 所示，当死区电压矢量为 U_2（１１０）时，实际作用的电压矢量（U^r）由所选矢量 U_1（１００）和死区电压矢量 U_2（１１０）组成。在图 7-3 中，ΔU_{opt} 代表参考电压矢量（U_{ref}）与理想电压矢量之间的电压误差，而 ΔU^r 表示参考电压矢量与实际作用的电压矢量之间的电压误差。很明显，当死区电压矢量为 U_2（１１０）时，ΔU^r 小于 ΔU_{opt}。这表明了死区电压矢量 U_2（１１０）的存在提升了 MPCC 的控制性能。

同样，当死区电压矢量为 U_3（０１０）、U_4（０１１）和 U_0（０００）时，电压

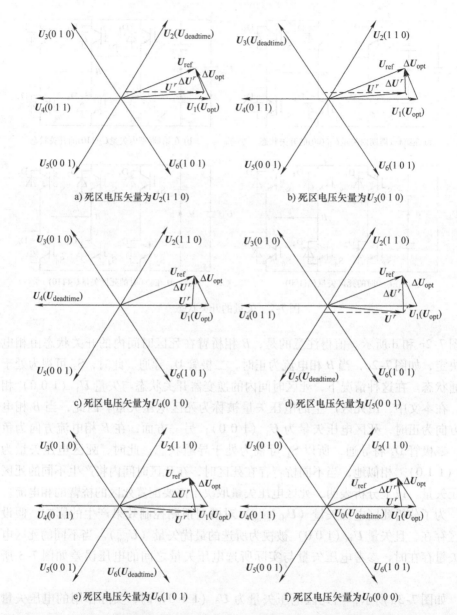

a) 死区电压矢量为U_2(1 1 0)
b) 死区电压矢量为U_3(0 1 0)
c) 死区电压矢量为U_4(0 1 0)
d) 死区电压矢量为U_5(0 0 1)
e) 死区电压矢量为U_6(1 0 1)
f) 死区电压矢量为U_0(0 0 0)

图 7-3 死区电压矢量与所选电压矢量为U_1(1 0 0) 的矢量图

误差分别如图 7-3b、图 7-3c、图 7-3d 所示。与图 7-3a 中所得结论一致，即死区电压矢量 U_3（0 1 0）、U_4（0 1 1）和 U_0（0 0 0）的存在同样可以提升 MPCC 的控制效果。

然而，如图 7-3d 与图 7-3e 所示，当死区电压矢量为 U_5（0 0 1）和

U_6（１０１）时，则会得到不同的结论。在图 7-3d 和图 7-3e 中，ΔU^r 明显大于 ΔU_{opt}，这表明了死区电压矢量 U_5（００１）和 U_6（１０１）削弱了 MPCC 的控制性能。

当所选矢量为 U_1（１００）时，不同死区电压矢量情况下的电压误差对比如表 7-1 所示。可以看出，四种情况下的死区电压矢量 [U_2（１１０），U_3（０１０），U_4（０１１）和 U_0（０００）] 可以提升 MPCC 的控制效果。另外两种情况下的死区电压矢量 [U_5（００１）和 U_6（１０１）] 则会使得 MPCC 的控制性能变差。

表 7-1　所选最优矢量为 U_1（100）时不同死区电压矢量情况下的电压误差对比

所选电压矢量	死区电压矢量	误差对比
	U_1（１００）	$\Delta U^r = \Delta U_{\mathrm{opt}}$
	U_2（１１０）	$\Delta U^r < \Delta U_{\mathrm{opt}}$
	U_3（０１０）	$\Delta U^r < \Delta U_{\mathrm{opt}}$
U_1（１００）	U_4（０１１）	$\Delta U^r < \Delta U_{\mathrm{opt}}$
	U_5（００１）	$\Delta U^r > \Delta U_{\mathrm{opt}}$
	U_6（１０１）	$\Delta U^r > \Delta U_{\mathrm{opt}}$
	U_0（０００）/U_7（１１１）	$\Delta U^r < \Delta U_{\mathrm{opt}}$

根据上述分析可知，对 MPCC 控制性能有提升作用的死区电压矢量占大部分；另一方面，死区的持续时间同样是影响 MPCC 控制性能的重要因素。为了评估死区持续时间对 MPCC 的影响，仿真分析了在不同死区持续时间下的 MPCC 的相电流波形，如图 7-4 所示。相电流仿真结果表明，当死区持续时间在 10μs 范围内时，相电流谐波含量随着死区时间的增大而减小。然而，当死区持续时间超过 10μs 之后，随着死区持续时间的扩大，相电流谐波含量增加，控制效果也越来越差。这意味着死区持续时间同样会影响 MPC 的控制效果。

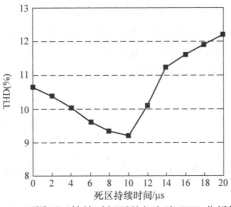

图 7-4　不同死区持续时间下的相电流 THD 分析结果

7.2 基于死区电压矢量的模型预测电流控制方法

根据上一节分析可知,合理利用死区电压矢量以及死区持续时间可以提升 MPCC 的控制性能。因此,本节提出一种基于死区电压矢量的 MPCC 方法 (DTVV - MPCC),在不增大 MPCC 开关频率的前提下,来提升 MPCC 的稳态性能。

所提出的 DTVV - MPCC 方法的控制框图如图 7-5 所示。主要包括五个部分:一拍延时补偿、参考电压预测、最优矢量选择、死区电压矢量判断,以及死区持续时间计算与脉冲产生。DTVV - MPCC 方法的详细原理将在下文介绍。

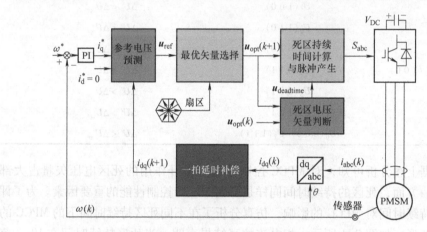

图 7-5 基于死区电压矢量的模型预测电流控制框图

7.2.1 最优电压矢量选择

采用快速矢量选择的方法来选择最优电压矢量,避免了在每个控制周期枚举所有 8 个候选电压矢量[4]。因此,整个电压矢量平面被分为 12 个扇区,如图 7-6所示。其中每个扇区包括一个非零矢量与一个零矢量 $[U_0 (0\ 0\ 0)$ 或 U_7 $(1\ 1\ 1)]$。参考电压矢量及其相角可以通过式(7-4)、式(7-5)和式(7-6)计算得到。

$$
\begin{cases}
u_d(k+1) = Ri_d(k) + L\dfrac{i_d^* - i_d(k)}{T} - \omega_e L i_q(k) \\[3mm]
u_q(k+1) = Ri_q(k) + L\dfrac{i_q^* - i_q(k)}{T} + \omega_e L i_d(k) + \omega_e \psi_f
\end{cases}
\tag{7-4}
$$

$$u_{\mathrm{ref}} = \begin{pmatrix} u_{\alpha} \\ u_{\beta} \end{pmatrix} = \begin{pmatrix} \cos\theta & -\sin\theta \\ \sin\theta & \cos\theta \end{pmatrix} \begin{pmatrix} u_{\mathrm{d}}(k+1) \\ u_{\mathrm{q}}(k+1) \end{pmatrix} \tag{7-5}$$

$$\theta_{\mathrm{ref}} = \arctan\left(\frac{u_{\beta}}{u_{\alpha}}\right) \tag{7-6}$$

参考矢量的位置及其所处扇区可由式 (7-6) 确定。然后，根据代价函数对被确定扇区包含的两个待选矢量（一个非零矢量和一个零矢量）进行评估，以选择最优电压矢量。

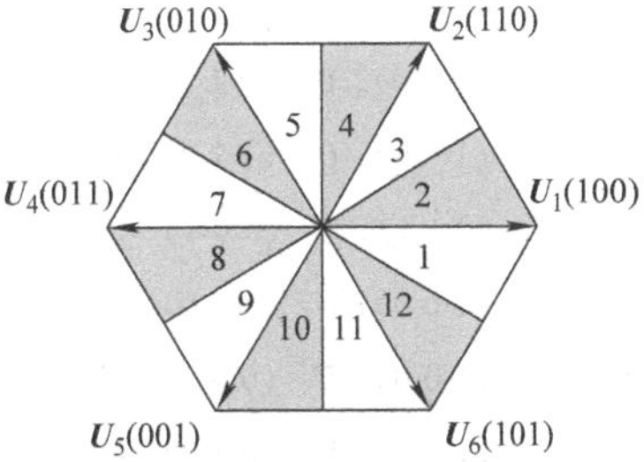

图 7-6　电压矢量扇区

7.2.2　死区电压矢量判别

在下一控制周期的最优电压矢量确定后，需要对所选该电压矢量和本周期作用的电压矢量进行对比。如果这两个电压矢量相同，则不需要配置死区；然而，如果这两个电压矢量不同，则需要在两矢量切换时加入死区。由此，死区电压矢量便会产生，并且这一死区电压矢量由需要施加死区的桥臂的电流方向决定。

另一方面，如上一节中死区电压矢量分析所述，不是所有的死区电压矢量都能提升 MPCC 的控制性能。另外，死区持续时间也是一个影响 MPCC 控制性能的关键因素。因此，当参考电压矢量位于不同扇区时，需要区分出能够提升 MPCC 控制性能的死区电压矢量。然后，将这些能提升 MPCC 控制性能的死区电压矢量的作用时间（死区持续时间）作为一个变量进行优化，以实现 MPCC 控制性能的提升。然而，使 MPCC 控制效果变差的死区电压矢量的作用时间应该被设置得尽可能小一些。因此，在 DTVV - MPCC 方法中，将这些使 MPCC 控制效果变差的死区电压矢量的作用时间设置为 2.5μs。

在 DTVV - MPCC 方法中，对应参考电压矢量所处的扇区，将死区电压矢量分成了 AB 两组，如表 7-2 所示。在参考电压矢量所处的不同扇区内，A 组中的死区电压矢量对 MPCC 方法控制效果有提升作用，而 B 组中的死区电压矢量对 MPCC 方法控制效果有削弱作用。因此，在表 7-2 中，A 组中死区电压矢量的作用时间可在线计算，而 B 组中死区电压矢量的作用时间则应被固定设置为 2.5μs。

在 DTVV - MPCC 方法中，通过快速矢量选择的方式，选择了最优电压矢量之后，参考电压矢量所处扇区与死区电压矢量便可被确定。然后，根据表 7-2 可知，所确定的死区电压矢量对 MPCC 的控制效果的具体影响。

表 7-2　不同扇区的死区电压矢量分组

扇区	死区时间可变化（A组）	死区时间固定（B组）
1	U_4 (0 1 1)，U_5 (0 0 1)，U_6 (1 0 1)，U_0 (0 0 0)，U_7 (0 0 0)	U_2 (1 1 0)，U_3 (0 1 0)
2	U_2 (1 1 0)，U_3 (0 1 0)，U_4 (0 1 1)，U_0 (0 0 0)，U_7 (0 0 0)	U_5 (0 0 1)，U_6 (1 0 1)
3	U_1 (1 0 0)，U_5 (0 0 1)，U_6 (1 0 1)，U_0 (0 0 0)，U_7 (0 0 0)	U_3 (0 1 0)，U_4 (0 1 1)
4	U_3 (0 1 0)，U_4 (0 1 1)，U_5 (0 0 1)，U_0 (0 0 0)，U_7 (0 0 0)	U_1 (1 0 0)，U_6 (1 0 1)
5	U_1 (1 0 0)，U_2 (1 1 0)，U_6 (1 0 1)，U_0 (0 0 0)，U_7 (0 0 0)	U_4 (0 1 1)，U_5 (0 0 1)
6	U_4 (0 1 1)，U_5 (0 0 1)，U_6 (1 0 1)，U_0 (0 0 0)，U_7 (0 0 0)	U_1 (1 0 0)，U_2 (1 1 0)
7	U_1 (1 0 0)，U_2 (1 1 0)，U_3 (0 1 0)，U_0 (0 0 0)，U_7 (0 0 0)	U_5 (0 0 1)，U_6 (1 0 1)
8	U_1 (1 0 0)，U_5 (0 0 1)，U_6 (1 0 1)，U_0 (0 0 0)，U_7 (0 0 0)	U_2 (1 1 0)，U_3 (0 1 0)
9	U_2 (1 1 0)，U_3 (0 1 0)，U_4 (0 1 1)，U_0 (0 0 0)，U_7 (0 0 0)	U_1 (1 0 0)，U_6 (1 0 1)
10	U_1 (1 0 0)，U_2 (1 1 0)，U_6 (1 0 1)，U_0 (0 0 0)，U_7 (0 0 0)	U_3 (0 1 0)，U_4 (0 1 1)
11	U_3 (0 1 0)，U_4 (0 1 1)，U_5 (0 0 1)，U_0 (0 0 0)，U_7 (0 0 0)	U_1 (1 0 0)，U_2 (1 1 0)
12	U_1 (1 0 0)，U_2 (1 1 0)，U_3 (0 1 0)，U_0 (0 0 0)，U_7 (0 0 0)	U_4 (0 1 1)，U_5 (0 0 1)

7.2.3　死区持续时间的计算

死区持续时间（死区电压矢量作用时间）的确定原则被分为两类。首先，在所选最优电压矢量以及参考电压矢量所处扇区确定后，如果死区电压矢量在 A 组中，则死区持续时间可以被视为变量处理。基于电流无差拍原则，可以得到以下表达式[4]：

$$i_s^* = i_s(k+1) = i_s(k) + S_{opt}t_1 + S_{deadtime}(T - t_1) \tag{7-7}$$

式中，t_1 表示所选最优矢量的作用时间；$T - t_1$ 代表死区的持续时间；i_s^* 是参考电流；S_{opt} 和 $S_{deadtime}$ 表示所选最优矢量与死区电压矢量的电流斜率。S_{opt} 和 $S_{deadtime}$ 计算公式如下所示[5]：

$$\begin{cases} S_{d\_opt} = \dfrac{\boldsymbol{u}_{d\_opt} + [-Ri_d(k+1) + \omega_e Li_q(k+1)]}{L} \\ S_{q\_opt} = \dfrac{\boldsymbol{u}_{q\_opt} + [-Ri_q(k+1) - \omega_e Li_q(k+1) - \omega_e\psi_f]}{L} \end{cases} \tag{7-8}$$

$$\begin{cases} S_{d\_deadtime} = \dfrac{\boldsymbol{u}_{d\_deadtime} + [-Ri_d(k+1) + \omega_e Li_q(k+1)]}{L} \\ S_{q\_deadtime} = \dfrac{\boldsymbol{u}_{q\_deadtime} + [-Ri_q(k+1) - \omega_e Li_q(k+1) - \omega_e\psi_f]}{L} \end{cases} \tag{7-9}$$

基于式（7-7）、式（7-8）和式（7-9），通过快速矢量选择所选出的最优矢量作用时间计算公式如下所示：

$$t_1 = \frac{x_q + x_d}{(S_{q\_opt} - S_{q\_deadtime})^2 + (S_{d\_opt} - S_{d\_deadtime})^2} \quad (7\text{-}10)$$

式中，$x_d = [i_d^* - i_d(k) - S_{d\_deadtime}T](S_{d\_opt} - S_{d\_deadtime})$；$x_q = [i_q^* - i_q(k) - S_{q\_deadtime}T](S_{q\_opt} - S_{q\_deadtime})$。

另一方面。在所选最优矢量以及参考电压矢量所处扇区确定后，如果死区电压矢量在 B 组中，则死区持续时间被固定设置为 $2.5\mu s$。

本章所提出的 DTVV – MPCC 方法的流程图如图 7-7 所示，控制流程可以被概括如下：

1）采样电流经过一拍延时补偿，可得到 $i_d(k+1)$ 和 $i_q(k+1)$；

2）根据式（7-1）计算得到的参考电压矢量与扇区判断结果，可以快速选择出最优的电压矢量。

3）dq 轴参考电流经过坐标变化，可得到参考相电流（i_a^{ref}、i_b^{ref} 和 i_c^{ref}）。然后，根据参考相电流和所选电压矢量，死区电压矢量便可被确定。

4）由表 7-2 可确定死区矢量的分组。

5）如果死区矢量在 A 组，则死区持续时间可以由式（7-6）确定。否则，死区持续时间被设置为固定值 $2.5\mu s$。

6）最后，所选最优矢量与配置的死区作用于逆变器。

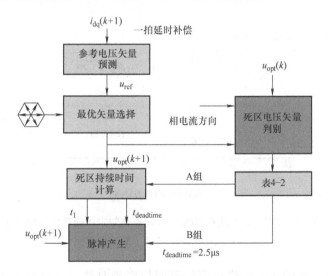

图 7-7　基于死区电压矢量的模型预测电流控制流程图

值得注意的是，尽管死区电压矢量被用来提升控制性能，但本文所提出的 DTVV – MPCC 方法的开关频率与传统 MPCC 方法的开关频率保持一致，因为在应用死区时仅仅改变了死区的持续时间，而不需要新增逆变器的开关动作。

7.2.4 实验结果

本章所提出的 DTVV – MPCC 方法在 PMSM 实验平台上进行了实验验证。图 7-8 展示了在不同死区持续时间条件下，传统 MPCC 方法的电流控制效果。如图 7-8a 所示，当死区持续被时间被设置为 2.5μs 时，电流 THD 为 13.09%；而在图 7-8b 中，当死区持续时间由 2.5μs 增大至 5μs 时，电流 THD 由 13.09% 减小至 12.86%。这表明死区持续时间的扩大略微提升了传统 MPCC 方法的控制性能。然而，当死区持续时间从 5μs 进一步增大至 14μs，电流 THD 则从 12.86% 增大至 14.5%，并且可以看到严重的相电流畸变和 dq 轴电流振荡，如图 7-8c 所示。这意味着过大的死区持续时间使得传统 MPCC 的电流控制效果变差。以上实验结果证明了死区持续时间将会影响到传统 MPCC 方法的控制性能。因此，死区的作用时间需要进行优化。

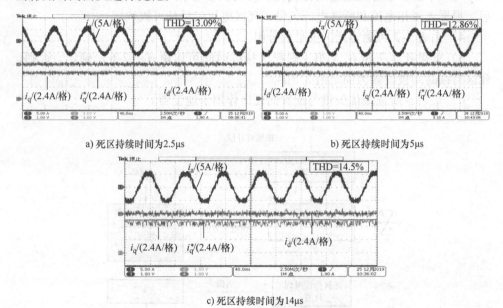

a) 死区持续时间为2.5μs   b) 死区持续时间为5μs

c) 死区持续时间为14μs

图 7-8　传统 MPCC 方法在 500r/min 转速与额定负载转矩（5N·m）、
不同死区持续时间条件下的实验结果

为了与图 7-8 的传统 MPCC 方法控制性能做对比，本章所提出的 DTVV – MPCC 方法的电流波形如图 7-9a 所示。在 DTVV – MPCC 方法的控制下，图 7-9b 和 c 中展示了 A 相桥臂中两个开关器件的脉冲信号。比较图 7-8 与图 7-9a，可以看出电流 THD 减小至 10.47%。这表明了 DTVV – MPCC 方法的控制效果明显优于传统 MPCC 方法。从图 7-9b 和 c 可以看出，在所提出 MPCC 方法中，死区持续时间在不同的控制周期中是变化的。

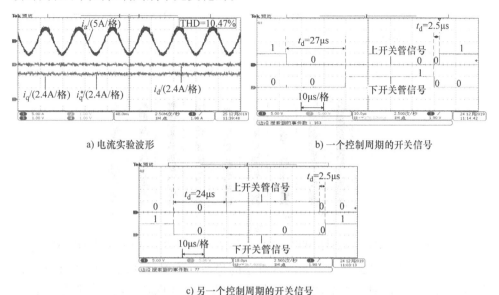

a) 电流实验波形

b) 一个控制周期的开关信号

c) 另一个控制周期的开关信号

图 7-9　本章所提出 DTVV – MPCC 方法在 500r/min 转速与额定负载转矩（5N·m）下的实验结果

此外，在相同实验条件下（转速 500r/min，额定负载转矩 5N·m），传统 MPCC 方法与 DTVV – MPCC 方法的上开关管的开关频率对比如图 7-10 所示。在传统 MPCC 方法控制下，上开关管的开关次数为 28850；而在 DTVV – MPCC 方法控制下，上开关管的开关次数为 28883。因此，两种方法的平均开关频率可由 $f = N/t$ 计算得到（f 表示平均开关频率，N 则表示开关次数，t 代表记录的总时长）。这意味着传统 MPCC 方法的平均开关频率 f_1 是 2.885kHz（$f_1 = 28850/10 = 2.885$kHz），而 DTVV – MPCC 方法的平均开关频率 f_2 是 2.888kHz（$f_2 = 28850/10 = 2.888$kHz）。可以看出两种方法的平均开关频率基本一致，这表明了在相同开关频率下，DTVV – MPCC 方法的电流控制效果好于传统 MPCC 方法。

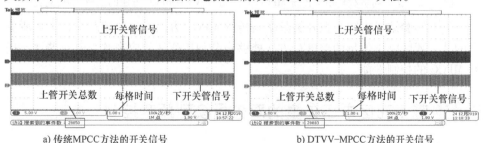

a) 传统MPCC方法的开关信号

b) DTVV–MPCC方法的开关信号

图 7-10　传统 MPCC 方法与 DTVV – MPCC 方法在 500r/min 转速与额定负载转矩（5N·m）时上开关器件的开关频率对比

在不同的转速条件下，传统 MPCC 方法与 DTVV – MPCC 方法的稳态性能对比如图 7-11 所示。可以看出，在整个速度范围内，DTVV – MPCC 方法的电流 THD 低于传统 MPCC 方法。

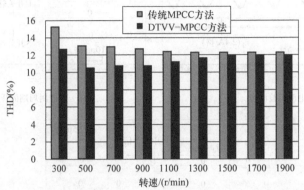

图 7-11　传统 MPCC 方法与 DTVV – MPCC 方法在额定负载转矩下的电流 THD 对比

此外，在不同负载转矩下，两种方法的稳态性能对比如图 7-12 所示。可以看到，在转速相同时，逐渐增大负载转矩，DTVV – MPCC 方法的控制性能同样好于传统 MPCC 方法的性能。

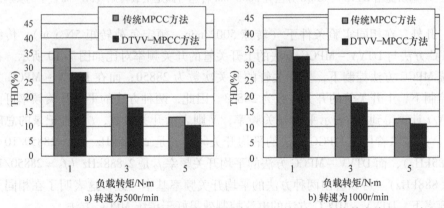

图 7-12　在不同负载转矩下传统 MPCC 方法与 DTVV – MPCC 方法的电流 THD 对比

以上实验结果表明，在开关频率与传统 MPCC 方法一致的情况下，本章所提出的基于死区电压矢量的 MPCC 方法能够充分利用死区效应来减小电流谐波，提升 MPCC 的控制性能。

7.3　基于死区电压矢量的双矢量模型预测控制

由上一节分析可知，在实际系统中，考虑到功率器件的开关延迟时间，为了防止直流母线短路，必须在逆变器开关状态发生变化时加入死区。显然，死区的存在将会导致实际输出的电压与所期望的电压不一致，影响系统的控制性能。但是，死区作为驱动电路保护，是不可被移除的；另一方面，为提升 MPC 的稳态性能，双矢量 MPC 经常被应用在驱动系统中。与传统单矢量 MPC 相比，双矢量 MPC 死区数量更多，死区效应对系统稳态性能的影响也更为严重。因此，本节对双矢量 MPC 中存在的死区效应进行分析，给出了死区电压矢量的判断原则，在此基础上提出了一种可变死区时间的双矢量模型预测控制方法，通过时间分配在线优化死区时间，以达到最优的控制效果，有效地解决了死区带来的负面影响，改善了系统的电流控制性能，并在一定程度上降低了逆变器的开关频率。

7.3.1　传统双矢量模型预测控制

在传统单矢量 MPC 中，每个控制周期会选择出一个最优电压矢量。由于逆变器所产生的基本电压矢量的幅值和方向是固定的，所选择的电压矢量通常会与参考电压之间存在误差，影响稳态控制性能。

因此，在双矢量 MPC 中，为了减小电压误差，每个控制周期从 8 个基本电压矢量中选择出 2 个电压矢量。根据伏秒平衡的原则，在一个控制周期内逆变器的平均输出电压（即两个不同的基本电压矢量的合成电压）可以表示为

$$\begin{cases} \boldsymbol{u}_s = \dfrac{t_1}{T}\boldsymbol{u}_{x1} + \dfrac{t_2}{T}\boldsymbol{u}_{x2} \\ T = t_1 + t_2 \end{cases} \tag{7-11}$$

式中，$\boldsymbol{u}_{x1}$ 和 $\boldsymbol{u}_{x2}$ 分别代表双矢量 MPC 中选择的第一个和第二个电压矢量；t_1 和 t_2 是两个被选择电压矢量的作用时间。

两个电压矢量的作用时间的计算公式为

$$\begin{cases} t_1 = \{[i_s(k+1) - i_s(k) - S_2 T](S_1 - S_2)\}/(S_1 - S_2)^2 \\ t_2 = T - t_1 \end{cases} \tag{7-12}$$

式中，S_1 和 S_2 分别代表由第一电压矢量和第二电压矢量产生的电流斜率。然后，根据合成电压矢量 $\boldsymbol{u}_s$ 和预测电流方程，能够得到双矢量 MPC 中一个电压矢量组合（两个电压矢量）作用下产生的预测电流。将不同电压组合产生的预测电流代入到基于电流误差的代价函数中，评估它们的控制效果。最后通过代价函数最小化选择出最优的电压矢量组合，按照它们各自分配的作用时间，施加到电机。

7.3.2　死区效应分析和死区电压矢量判断

1. 死区效应分析

在实际的控制系统中，为了避免逆变器上下桥臂直通而造成短路，在开关状态切换时加入死区。相比于单矢量 MPC，双矢量 MPC 在一个控制周期开关状态通常切换两次。因此，两个死区将会被分配在一个控制周期，它们既可以位于相同桥臂，也可以在不同桥臂。由于控制周期固定为 T，死区的存在势必会影响双

矢量 MPC 中第一电压矢量和第二电压矢量的作用时间（即 t_1 和 t_2），这意味着死区将会造成所计算的理论电压与实际施加于电机的电压之间存在误差。根据平均电压理论，实际应用于电机的电压如下：

$$\begin{cases} \boldsymbol{u}_{\text{sf}} = \dfrac{t_1}{T}\boldsymbol{u}_{\text{x1}} + \dfrac{t_2}{T}\boldsymbol{u}_{\text{x2}} + \dfrac{t_{\text{dt1}}}{T}\boldsymbol{u}_{\text{dt1}} + \dfrac{t_{\text{dt2}}}{T}\boldsymbol{u}_{\text{dt2}} \\ T = t_1 + t_2 + t_{\text{dt1}} + t_{\text{dt2}} \end{cases} \tag{7-13}$$

式中，$\boldsymbol{u}_{\text{sf}}$ 表示实际应用于电机的电压；t_1 和 t_2 为被选择的第一个和第二个电压矢量的实际作用时间；t_{dt1} 和 t_{dt2} 代表两个死区时间；$\boldsymbol{u}_{\text{dt1}}$ 和 $\boldsymbol{u}_{\text{dt2}}$ 为死区电压矢量[6]。接下来分析死区所引起的电压误差。

如图 7-13 所示，以 A 相桥臂为例分析死区效应。此处规定电流由逆变器流向电机的方向为电流的正方向。在死区期间，S_1 和 S_2 处于关闭状态，电流只能通过续流二极管继续流通。因此 A 相电流决定着续流二极管 D_1 和 D_2 的导通状态。当 A 相电流为负时（$i_a < 0$），电流流过续流二极管 D_1，此时 A 相的端电压为 V_{dc}；当 A 相电流为正时（$i_a > 0$），A 相的端电压为 0。由此可见，在死区期间，A 相的端电压不受功率器件的影响，该桥

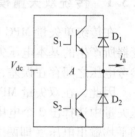

图 7-13   A 相桥臂

臂 IGBT 均为关闭状态，而取决于死区所在相的相电流的方向。为了进一步分析死区效应，A 相功率器件的 PWM 驱动信号如图 7-14 所示。

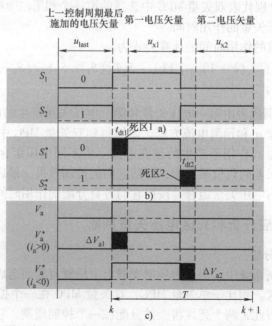

图 7-14   双矢量 MPC 存在的死区分析（A 相为例）

从图 7-14 中可以看出，双矢量 MPC 中死区的存在将会导致逆变器该相端电压误差，即 ΔV_{a1} 和 ΔV_{a2}。根据平均电压理论（伏秒平衡）和相电流方向因素，由死区引起的端电压误差为

$$\begin{cases} V_a^* = V_a - \dfrac{t_{dt}}{T} V_{dc} \text{sign}(i_a) \\[2mm] \Delta V_a = \dfrac{t_{dt}}{T} V_{dc} \text{sign}(i_a) \end{cases} \tag{7-14}$$

$$\text{sign}(i_a) = \begin{cases} 1 & i_a \geqslant 0 \\ -1 & i_a < 0 \end{cases} \tag{7-15}$$

式中，V_a^* 和 V_a 代表 A 相实际输出的端电压和理想情况下的端电压；V_{dc} 表示直流母线电压；i_a 表示 A 相电流；ΔV_a 为 A 相端电压误差。相似地，可以得到 B 相和 C 相的逆变器端电压误差。因此，根据三相的端电压误差，三相的相电压误差可按照如下表达式计算[7]：

$$\begin{cases} \Delta u_{dta} = \dfrac{2}{3} \Delta V_a - \dfrac{1}{3} \Delta V_b - \dfrac{1}{3} \Delta V_c \\[2mm] \Delta u_{dtb} = \dfrac{2}{3} \Delta V_b - \dfrac{1}{3} \Delta V_a - \dfrac{1}{3} \Delta V_c \\[2mm] \Delta u_{dtc} = \dfrac{2}{3} \Delta V_c - \dfrac{1}{3} \Delta V_a - \dfrac{1}{3} \Delta V_b \end{cases} \tag{7-16}$$

根据以上的分析，电机的相电压误差与死区的持续时间和相电流方向有直接的关系。死区效应导致的不准确的输出电压将会对 PMSM 的控制性能造成很大的影响，因此，死区效应不容忽视。

2. 死区电压矢量判断

为了进一步分析死区对于逆变器输出电压的影响，本部分对死区时间内逆变器所产生的电压矢量进行了分析。在双矢量 MPC 中，由于存在两个不同电压矢量的切换，在一个控制周期内将会部署两个死区。其中一个死区位于上一个控制周期的最后被施加的电压矢量 u_{last} 和当前周期的第一电压矢量 u_{x1} 之间（如图 7-14 所示的死区 1）；另一个死区位于当前周期选择的第一电压矢量 u_{x1} 和第二电压矢量 u_{x2} 之间（如图 7-14 中的死区 2）。

另一方面，从图 7-15 中可以看出，当续流二极管工作在死区期间时，D_1 和 D_2 将会有一个处于开通状态，此时 D_1 和 D_2 的导通状态可以等效为功率器件 S_1 和 S_2 的状态，输出等效的电压矢量，这是判断死区电压矢量的一个重要基础。为了直观的分析死区电压矢量的形成过程，假设 u_6（101）为 $(k-1)$ 时刻（即上一个控制周期）最后被施加于电机的电压矢量，u_1（100）和 u_2（110）为分别为 k 时刻（当前控制周期）所选择的第一个电压矢量和第二个电压矢量。

（1）第一个死区电压矢量的分析。当逆变器输出的电压矢量由 u_6（101）切换到 u_1（100）时，仅仅 C 相桥臂的驱动信号发生了变化，因此只需要在 C 相桥臂插入一个死区。

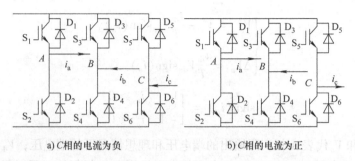

a) C 相的电流为负   b) C 相的电流为正

图 7-15　当逆变器电压矢量由 u_6（101）切换到 u_1（100）时逆变器的开关状态

如图 7-15a 所示，当 C 相的电流为负时（即 C 相电流由电机流向逆变器），由于死区期间 S_5 和 S_6 都处于关闭状态，电流只能通过续流二极管 D_5 继续流通。此时，二极管 D_5 处于导通状态，等效于 S_5 开通。而其他桥臂的开关状态没有发生改变，仍保持上一个控制周期的开关状态，因此死区期间等效的逆变器开关状态为 101，即第一个死区电压矢量 u_{dt1} 为 u_6（101）。同理，当 C 相的电流为图 7-15b 所示的正方向时，续流二极管 D_6 处于导通状态，等效于 S_6 开通。这种情况下，即第一个死区电压矢量 u_{dt1} 能够被得到为 u_1（100）。

根据以上的分析，能够确定逆变器所输出的第一个死区电压矢量。

（2）第二个死区电压矢量的分析。在双矢量 MPC 中，所选择的两个最优电压矢量是不同的，因此当第一电压矢量切换到第二电压矢量时，必定会存在一个死区，即第二个死区。以逆变器输出的电压矢量由 u_6（101）切换到 u_1（100）为例对第二个死区矢量进行分析，如图 7-16 所示，在这种情况下仅 B 相桥臂的开关状态发生改变，因此只需要在 B 相桥臂插入一个死区。

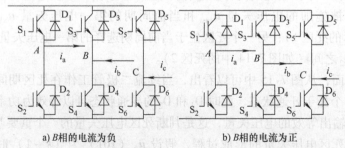

a) B 相的电流为负   b) B 相的电流为正

图 7-16　当逆变器电压矢量由 u_1（100）切换到 u_2（110）时逆变器的开关状态

如图 7-16a 所示，当 *B* 相的电流为负时（即 *B* 相电流由电机流向逆变器），由于死区期间 S_3 和 S_4 都处于关闭状态，电流只能通过续流二极管 D_3 继续流通，等效于 S_3 开通，而其他桥臂的开关状态没有发生改变，仍保持上一个控制周期的开关状态。因此死区期间等效的逆变器开关状态为 １ １ ０，即第二个死区电压矢量 u_{d2} 为 u_2（１ １ ０）。同理，如图 7-16b 所示，当 *B* 相的电流为的正时，续流二极管 D_4 处于导通状态，等效于 S_4 开通。此时，第二个死区电压矢量 u_{d2} 等效为 u_1（１ ０ ０）。

根据以上的分析，能够确定第二个死区电压矢量。此外，为了更加直观地介绍死区电压矢量的判断原理，图 7-17 展示了死区电压矢量的判断过程及要素，主要过程可以分为以下几步：

1）根据死区前后的电压矢量，判断死区所在的逆变器桥臂；

2）通过检测死区所在桥臂的相电流方向，确定该桥臂导通的续流二极管和等效的开关状态；

3）无死区的桥臂保持原来的开关状态，直到最终确定死区电压矢量。

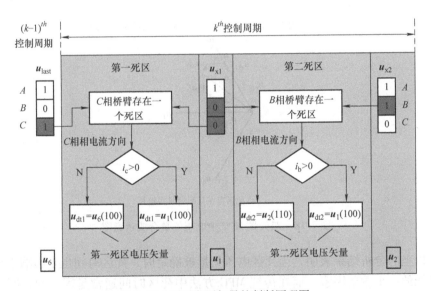

图 7-17　死区电压矢量的判断原理图

3. 死区时间的影响

根据双矢量 MPC 的合成电压公式可知，死区时间也是影响平均输出电压的一个重要因素。为了进一步了解死区时间对于输出电压的影响，图 7-18 描述了双矢量 MPC 中死区影响下的电机实际输出电压合成图。u_{opt1} 和 u_{opt2} 分别代表双向量 MPC 中选择的两个电压矢量；u_{dt1} 和 u_{dt2} 是两个死区电压矢量。

如图 7-18a 所示，在理想的情况下，双矢量 MPC 控制下的合成电压矢量 u_{sf}

与参考电压矢量 u_{ref} 之间存在电压误差 Δu。这意味着在该控制周期内选取两个电压矢量不能完全准确合成参考电压矢量，这是双矢量 MPC 的固有特点。然而，如图 7-18b 所示，当考虑死区的存在时，通过插入合理的死区，可以减小合成电压矢量 u_{sf} 与参考电压矢量 u_{ref} 之间的电压误差 Δu，这种情况下的死区对系统的控制性能有益。而当死区的时间设置不合理时，如图 7-18c 所示，电压误差 Δu 变得更大，这意味着这种情况下的死区将会降低系统的控制性能。

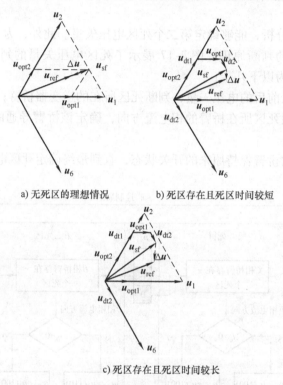

a) 无死区的理想情况   b) 死区存在且死区时间较短

c) 死区存在且死区时间较长

图 7-18   双矢量 MPC 中电压矢量合成示意图

以上的分析结果表明，当死区电压矢量被确定时，死区时间也是影响系统控制性能的一个重要因素。而在传统 MPC 方法中死区时间通常是固定的，所以死区时间对于系统的影响方向（提升或降低控制性能）是未知的。

7.3.3   基于死区电压矢量的双矢量模型预测控制

根据上节的分析，显然，死区的存在会影响系统的控制性能，然而保护驱动电路并不能消除死区。与传统的 MPC 相比，双矢量 MPC 的死区效应更为严重。因此，本节提出了一种可变死区时间的双矢量 MPC 方法。该方法利用死区电压矢量作为基本电压矢量，参与电压矢量的合成与作用时间分配，能有效提高电机的稳态性能，并降低逆变器的开关频率。

　　所提出方法的控制结构框图如图 7-19 所示，主要包括以下几个部分：参考电压矢量预测、第一最优电压矢量选择、死区电压矢量判断、电压矢量动作时间计算和通过代价函数选择第二最优电压矢量。

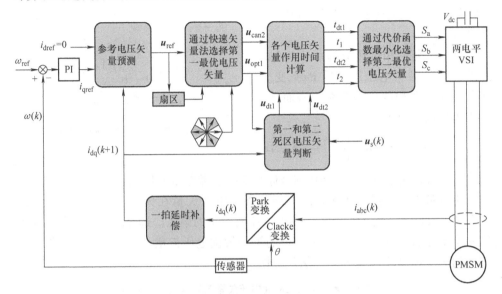

图 7-19　可变死区时间的双矢量 MPC 控制框图

1. 第一死区电压矢量判断

　　为了能够合理地利用死区，必须先要确定死区电压矢量。根据前文中的分析，确定死区电压矢量需要两个重要因素，一个是死区前后的电压矢量；另一个是死区所在桥臂的相电流方向。在第一死区电压矢量的判断中，上一个控制周期被施加于电机的电压矢量和电流方向都能够获得，而 k 时刻所选择的第一最优电压矢量还未确定。

　　为了避免传统枚举方法导致的大量计算，本文采用快速矢量选择法[2]来选择最优第一电压矢量。根据两相旋转坐标系下的电压方程，下一个控制周期的预测参考电压为

$$\begin{cases} \boldsymbol{u}_{\text{dref}} = Ri_{\text{d}}(k) + L\dfrac{i_{\text{dref}} - i_{\text{d}}(k)}{T} - \omega_{\text{e}}Li_{\text{q}}(k) \\[3mm] \boldsymbol{u}_{\text{qref}} = Ri_{\text{q}}(k) + L\dfrac{i_{\text{qref}} - i_{\text{q}}(k)}{T} + \omega_{\text{e}}Li_{\text{d}}(k) + \omega_{\text{e}}\psi_{\text{f}} \end{cases} \tag{7-17}$$

式中，i_{dref} 和 i_{qref} 分别为 d 轴和 q 轴的参考电流。在本文中 $i_{\text{dref}} = 0$，i_{qref} 由速度环 PI 控制器的输出确定。

在快速矢量选择的方法下，为了便于选择出第一个最优电压矢量，整个电压矢量空间被划分为12个扇区，每个扇区占据 π/6 的角度，由一个有效矢量（非零矢量）和两个零矢量构成，如图7-20所示。

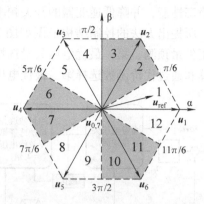

图7-20　电压矢量空间扇区划分图

然后，将两相旋转坐标系（dq轴坐标系）下的参考电压进行反Park变换，将其转换为两相静止坐标系，进而计算参考电压的相角为

$$\theta_{\text{ref}} = \arctan\left(\frac{u_{\beta\text{ref}}}{u_{\alpha\text{ref}}}\right) \qquad (7\text{-}18)$$

式中，$u_{\alpha\text{ref}}$ 和 $u_{\beta\text{ref}}$ 分别代表 αβ 轴坐标系下的参考电压分量。

由参考电压矢量的相角，能够得到参考电压矢量在矢量空间中的位置，即图7-20中的 u_{ref}，进而能够确定参考电压所位于的扇区。选择距离参考电压最近的基本电压矢量作为双矢量 MPC 中的第一最优电压矢量。第一最优电压矢量与扇区的对应选择关系被列举在表7-3中。

表7-3　第一和第二最优电压矢量与扇区之间的关系

扇区	第一最优电压矢量 u_{opt1}	第二电压矢量候选矢量 u_{can2}
1	u_1 (1 0 0)	u_2 (1 1 0)，u_0 (0 0 0)
2	u_2 (1 1 0)	u_1 (1 0 0)，u_7 (1 1 1)
3	u_2 (1 1 0)	u_3 (0 1 0)，u_7 (1 1 1)
4	u_3 (0 1 0)	u_2 (1 1 0)，u_0 (0 0 0)
5	u_3 (0 1 0)	u_4 (0 1 1)，u_0 (0 0 0)
6	u_4 (0 1 1)	u_3 (0 1 0)，u_7 (1 1 1)
7	u_4 (0 1 1)	u_5 (0 0 1)，u_7 (1 1 1)
8	u_5 (0 0 1)	u_4 (0 1 1)，u_0 (0 0 0)
9	u_5 (0 0 1)	u_6 (1 0 1)，u_0 (0 0 0)
10	u_6 (1 0 1)	u_5 (0 0 1)，u_7 (1 1 1)
11	u_6 (1 0 1)	u_1 (1 0 0)，u_7 (1 1 1)
12	u_1 (1 0 0)	u_6 (1 0 1)，u_0 (0 0 0)

2. 第二死区电压矢量判断

同理，在双矢量 MPC 方法中，由于所选择的第二电压矢量与第一电压矢量不同，死区（第二死区）也应该被分配在两个选定的电压向量之间，产生第二

死区电压矢量 u_{dt2}。上文中已经选定了第一最优电压矢量。为了确定第二死区电压矢量，需要以第二最优电压矢量和相电流方向作为判断的重要依据。

为了减少逆变器开关状态的切换次数，在选择第二最优电压矢量时，本文遵循开关动作次数最少的原则。当电压矢量由第一最优电压矢量切换到第二最优电压矢量时，由于第一最优电压矢量已经确定，所以第二最优电压矢量的候选矢量由相邻扇区的有效矢量和其中一个零矢量[u_0(0 0 0) 或 u_7(1 1 1)]组成。每个扇区对应的第二最优电压矢量的候选矢量被列举在表 7-3 中。

另外，由于第二最优电压矢量需要通过候选矢量滚动优化获得，这意味着第二最优电压矢量是待定的，每一个候选矢量都可能被选择作为第二最优电压矢量。因此，在第二死区电压矢量的判断中，需要考虑每个候选矢量，这将会得到两个对应候选矢量的第二死区电压矢量，参与到后续的最优矢量选择中。

由此，根据表 7-3 和死区电压矢量的判断原理，第二死区电压矢量也能够被确定。

3. 电压矢量作用时间计算

为了提升系统的稳态控制性能，消除死区带来的负面影响。在本节中，死区时间作为一个变量，与选择出的两个最优电压矢量共同分配整个控制周期作用时间。

根据电压方程，在零矢量作用下的 dq 轴电流轨迹的斜率表示为

$$\begin{cases} S_{d0} = \dfrac{di_d}{dt}\Big|_{u_x=0} = \dfrac{1}{L}[-Ri_d(k) + \omega_e L i_q(k)] \\[3mm] S_{q0} = \dfrac{di_q}{dt}\Big|_{u_x=0} = \dfrac{1}{L}[-Ri_q(k) - \omega_e L i_d(k) - \omega_e \psi_f] \end{cases} \tag{7-19}$$

同理，在整个控制周期中，每个电压矢量的 dq 轴电流斜率为

$$\begin{cases} S_{d\_x1} = \dfrac{di_d}{dt}\Big|_{u_x=u_{x1}} = S_{d0} + \dfrac{u_{x1}}{L} \\[3mm] S_{q\_x1} = \dfrac{di_d}{dt}\Big|_{u_x=u_{x1}} = S_{q0} + \dfrac{u_{x1}}{L} \end{cases} \tag{7-20}$$

$$\begin{cases} S_{d\_x2} = \dfrac{di_d}{dt}\Big|_{u_x=u_{x2}} = S_{d0} + \dfrac{u_{x2}}{L} \\[3mm] S_{q\_x2} = \dfrac{di_d}{dt}\Big|_{u_x=u_{x2}} = S_{q0} + \dfrac{u_{x2}}{L} \end{cases} \tag{7-21}$$

$$\begin{cases} S_{d\_dt1} = \dfrac{di_d}{dt}\bigg|_{u_x = u_{dt1}} = S_{d0} + \dfrac{u_{dt1}}{L} \\[3mm] S_{q\_dt1} = \dfrac{di_d}{dt}\bigg|_{u_x = u_{dt1}} = S_{q0} + \dfrac{u_{dt1}}{L} \end{cases} \tag{7-22}$$

$$\begin{cases} S_{d\_dt2} = \dfrac{di_d}{dt}\bigg|_{u_x = u_{dt2}} = S_{d0} + \dfrac{u_{dt2}}{L} \\[3mm] S_{q\_dt2} = \dfrac{di_d}{dt}\bigg|_{u_x = u_{dt2}} = S_{q0} + \dfrac{u_{dt2}}{L} \end{cases} \tag{7-23}$$

式中，S_{d-x1} 和 S_{q-x1} 代表第一最优电压矢量的 dq 轴电流斜率；S_{d-x2} 和 S_{q-x2} 表示第二最优电压矢量的 dq 轴电流斜率；S_{d-dt1}、S_{q-dt1}、S_{d-dt2} 和 S_{q-dt2} 分别代表第一死区电压矢量的 dq 轴电流斜率和第二死区电压矢量的 dq 轴电流斜率。

基于无差拍控制原理[8]，假定在下一个采样时刻电机电流能够达到参考电流，因此预测电流方程可以改写为

$$\begin{cases} i_d(k+1) = i_{dref} = i_d(k) + S_{d\_x1}t_1 + S_{d\_dt1}t_{dt1} + S_{d\_x2}t_2 + S_{d\_dt2}t_{dt2} \\[2mm] i_q(k+1) = i_{dref} = i_d(k) + S_{q\_x1}t_1 + S_{q\_dt1}t_{dt1} + S_{q\_x2}t_2 + S_{q\_dt2}t_{dt2} \end{cases}$$
$$\tag{7-24}$$

$$T = t_1 + t_2 + t_{dt1} + t_{dt2} \tag{7-25}$$

可以看出，式（7-24）和式（7-25）的三个方程能够被用来求解每个电压矢量的作用时间，而在方程中存在四个时间变量，很显然，这不太可能实现。另外，相比于第一死区电压矢量，第二死区电压矢量总是相对固定的。因为第二死区电压矢量只可能与第一最优电压矢量或第二最优电压矢量相同。例如，由表 7-3 可知，当第一最优电压矢量为 u_1（100）时，第二电压矢量的候选矢量为 u_2（110）和 u_0（000），如图 7-21a 所示，若候选矢量 u_2（110）被选择为第二最优电压矢量，则第二死区电压矢量为 u_2（110）或 u_1（100），进一步判断则需要相电流方向。若如图 7-21b 所示，选择候选向量 u_0（000）作为第二最优电压向量，则第二死区电压向量为 u_1（100）或 u_0（000），这也需要根据电流方向进行判断。这意味着第二死区电压矢量的作用时间可以与第一最优电压矢量或第二最优电压矢量组合分配。因此，不需要单独计算第二死区电压矢量的作用时间。

在本节中，第二死区电压矢量的作用时间设定为固定值，为最小死区时间 $2.5\mu s$。因此，第二死区电压矢量引起的电流变化可以计算为

$$\begin{cases} i_{d\_dt2} = S_{d\_dt2}t_{dt2} \\[2mm] i_{q\_dt2} = S_{q\_dt2}t_{dt2} \\[2mm] i_{dt2} = 2.5\mu s \end{cases} \tag{7-26}$$

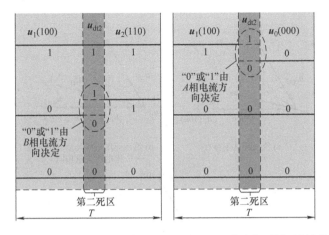

a) $u_2(110)$ 作为第二最优电压向量　　　b) $u_0(000)$ 作为第二最优电压向量

图 7-21　第二死区电压矢量示意图

　　然后，根据方程式（7-25）和方程式（7-26），可以计算得到每个电压矢量的作用时间。

　　由于第一死区电压矢量由前一个控制周期所施加的电压矢量和当前周期第一最优电压矢量决定，因此考虑了以下四种情况来分配各个电压矢量的作用时间。

　　（1）第一死区不存在。当第一最优电压矢量与上一个控制周期的最后施加电压矢量相同时，不存在死区，即 $t_{dt1} = 0$。因此，只需要计算第一和第二最优电压矢量的作用时间：

$$t_1 = \frac{A + B}{(S_{d\_x1} - S_{d\_x2})^2 + (S_{q\_x1} - S_{q\_x2})^2} \tag{7-27}$$

$$\begin{cases} t_2 = T - t_{dt2} - t_{dt1} - t_1 \\ t_{dt1} = 0 \end{cases} \tag{7-28}$$

式中，

$$\begin{cases} A = [i_{dref} - i_d(k) - i_{d\_dt2} - S_{d\_x2}T_{012}](S_{d\_x1} - S_{d\_x2}) \\ B = [i_{qref} - i_q(k) - i_{q\_dt2} - S_{q\_x2}T_{012}](S_{q\_x1} - S_{q\_x2}) \\ T_{012} = T - t_{dt2} \\ t_{dt2} = 2.5\mu s \end{cases} \tag{7-29}$$

　　图 7-22a 为这种情况下的电压矢量合成示意图，其中 $\boldsymbol{u}_{ref}^*$ 为将第二死区电压矢量的作用效果去除后的参考电压，即 $\boldsymbol{u}_{ref}^* = \boldsymbol{u}_{ref} - \dfrac{t_{dt2}}{T}\boldsymbol{u}_{dt2}$。

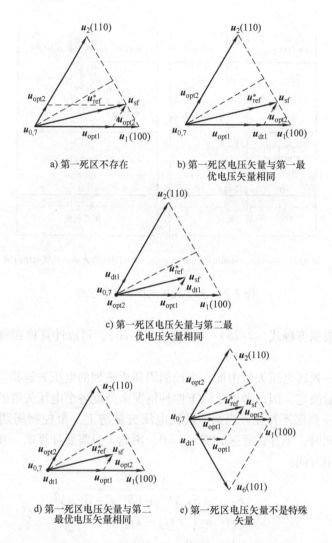

a) 第一死区不存在

b) 第一死区电压矢量与第一最优电压矢量相同

c) 第一死区电压矢量与第二最优电压矢量相同

d) 第一死区电压矢量与第二最优电压矢量相同

e) 第一死区电压矢量不是特殊矢量

图 7-22　不同情况下电压矢量合成示意图

（2）第一死区电压矢量与第一最优电压矢量相同。当第一死区电压矢量与第一最优电压矢量相同时，两个电压矢量的作用时间可以组合分配。因此，每个电压矢量的作用时间可以得到：

$$t_1 + t_{dt1} = \frac{A + B}{(S_{d\_x1} - S_{d\_x2})^2 + (S_{q\_x1} - S_{q\_x2})^2} \tag{7-30}$$

$$\begin{cases} t_2 = T - t_{dt2} - t_{dt1} - t_1 \\ t_{dt1} = t_{dt2} = 2.5\,\mu s \end{cases} \tag{7-31}$$

这种情况下电压矢量合成示意图如图 7-22b 所示。

（3）第一死区电压矢量与第二最优电压矢量相同。如果第一死区电压矢量与第二最优电压矢量的其中一个候选电压矢量相同（两个候选电压矢量包括一个非零电压矢量和一个零电压矢量），则选择另一个候选电压矢量作为第二个最优电压矢量。而且，这种情况下第二最优矢量不再需要通过代价函数评估来选择，而是直接选择出。例如，u_1 是第一最优电压矢量，u_2 和 u_0 是第二最优电压矢量的两个候选矢量，若第一死区电压矢量与候选矢量 u_2 相同，则直接选取 u_0 作为第二最优电压矢量。

因此，根据上述方程，每个电压矢量的作用时间为

$$\begin{cases} t_1 = \dfrac{m_1 + m_2 + m_3}{S_{den1}} \\[2mm] t_2 = \dfrac{n_1 + n_2 + n_3}{S_{den2}} \\[2mm] t_{dt1} = T - t_{dt2} - t_{dt1} - t_1 \\[2mm] t_{dt2} = 2.5\mu s \end{cases} \tag{7-32}$$

式中，

$$\begin{cases} S_{den1} = S_{d\_x1}S_{q\_x2} + S_{q\_x1}S_{d\_dt1} + S_{d\_x2}S_{q\_dt1} - S_{d\_x1}S_{q\_dt1} - S_{q\_x2}S_{d\_dt1} - S_{q\_x1}S_{d\_x2} \\ S_{den2} = S_{d\_x2}S_{q\_x1} + S_{q\_x2}S_{d\_dt1} + S_{d\_x1}S_{q\_dt1} - S_{q\_x2}S_{q\_dt1} - S_{q\_x1}S_{d\_dt1} - S_{d\_x1}S_{q\_x2} \end{cases} \tag{7-33}$$

$$\begin{cases} m_1 = [i_{dref} - i_d(k) - i_{d\_dt2}](S_{q\_x2} - S_{q\_dt1}) \\ m_2 = [i_{qref} - i_q(k) - i_{q\_dt2}](S_{d\_x2} - S_{d\_dt1}) \\ m_3 = T_{012}(S_{d\_dt1}S_{q\_x2} - S_{q\_dt1}S_{d\_x2}) \end{cases} \tag{7-34}$$

$$\begin{cases} n_1 = [i_{dref} - i_d(k) - i_{d\_dt2}](S_{q\_x1} - S_{q\_dt1}) \\ n_2 = [i_{qref} - i_q(k) - i_{q\_dt2}](S_{d\_x1} - S_{d\_dt1}) \\ n_3 = T_{012}(S_{d\_dt1}S_{q\_x1} - S_{q\_dt1}S_{d\_x1}) \end{cases} \tag{7-35}$$

从图 7-22c 和 d 中能够看出，在这种情况下，由于在一个控制周期内存在三个电压矢量，可以精确地合成参考电压矢量。

（4）第一死区电压矢量不是特殊矢量。如果第一死区电压矢量不是上述提到的特殊矢量，则需要计算三个电压矢量的各自作用时间。各电压矢量的作用时间可根据式（7-31）计算，电压矢量的合成图如图 7-22e 所示。

综合上述四种情况，能够确定每个电压矢量的作用时间。但是，在第三种和第四种情况中，若所计算得到的第一死区时间小于最小死区时间，为了保护驱动电路，将其设置为最小死区时间 $2.5\mu s$。

4. 代价函数

为了从候选电压矢量中遴选出第二最优电压矢量，本文构造了一个基于电流

误差的代价函数 $g = [i_{dref} - i_d(k+1)]^2 + [i_{qref} - i_q(k+1)]^2$。通过计算电压矢量的作用时间，根据式（7-13）可以得到两个合成的电压矢量 u_{sf1} 和 u_{sf2}，分别对应两个候选矢量。然后将其代入预测电流方程，进而求得两个代价函数，再通过代价函数最小选择出第二最优电压矢量。

综上所述，本文提出的可变死区时间双矢量 MPC 流程图如图 7-23 所示，主要步骤如下：

1）根据采样电流计算一拍延时补偿后的电流；

2）利用式（7-17）计算参考电压矢量，并确定其所在扇区；

3）根据表 7-3 选择第一最优电压矢量，确定第二最优电压矢量的候选矢量；

4）判断第一死区电压矢量和第二死区电压矢量；

5）根据图 7-22 所示的四种情况，计算每个电压矢量的作用时间；

6）通过代价函数从候选矢量中选择第二最优电压矢量，并将所有矢量按照其作用时间施加于电机。

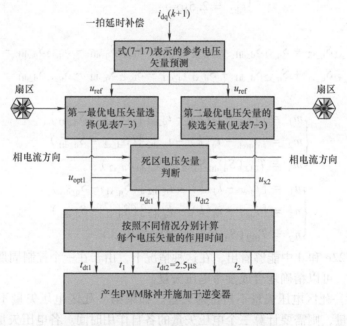

图 7-23   可变死区时间双矢量 MPC 的流程图

7.3.4   实验结果

为了验证基于死区电压矢量的双矢量模型预测控制方法的可行性和有效性，在 SPMSM 实验平台上进行了实验。采用 DSP28335 作为微处理器执行控制算法。

SPMSM 的参数如表 7-4 所示。

表 7-4　SPMSM 的参数

参数	物理量	数值
直流母线电压	V_{dc}/V	310
定子电阻	R/Ω	3.18
定子电感	L/H	0.0085
极对数	p	2
永磁体磁链	ψ_f/Wb	0.325
转动惯量	$J/kg \cdot m^2$	0.00046
额定转矩	$T_{NL}/N \cdot m$	5
额定转速	$n_N/(r/min)$	2000
控制周期	T/s	0.000066

　　为了观察死区的变化，同一桥臂在不同时间和方法下的上下两个功率器件（开关管）的 PWM 驱动信号如图 7-24 所示。图 7-24a 为传统双矢量 MPC 方法下的驱动信号，可以看出第一死区和第二死区都被设置为固定值（2.5μs）。然而，由图 7-24b 中的实验结果可知，本文所提出方法的第一死区时间在不同控制周期是可变的，第二死区时间是固定的。

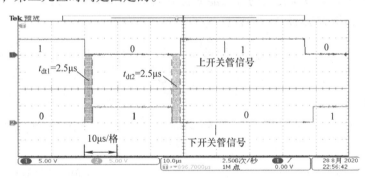

a) 传统双矢量 MPC

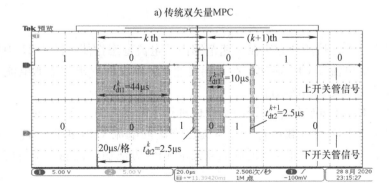

b) 本节所提出的方法

图 7-24　相同桥臂的不同时间下的开关信号

图 7-25 展示了当电机以 1000r/min、5N·m 负载运行时，传统双矢量 MPC 和可变死区时间的双矢量 MPC 的电流稳态控制性能对比。传统方法的电流 THD 为 7.47%，而相比于传统方法，本节所提出方法可将电流 THD 降至 6.30%（降低了传统方法的 15.7%）。这意味着本节所提出的方法能够有效减少稳态运行时的电流谐波含量。

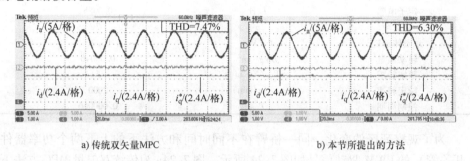

a) 传统双矢量MPC   b) 本节所提出的方法

图 7-25   不同控制方法的稳态性能对比（1000r/min 5N·m）

图 7-26 所示为额定工况下（2000r/min、5N·m）两种方法的稳态控制性能。可以看出，本节所提出的方法能够将电流 THD 由 7.96% 降低至 6.46%，降低幅度约为传统方法的 18.8%。

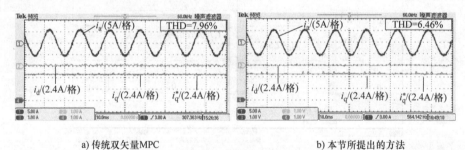

a) 传统双矢量MPC   b) 本节所提出的方法

图 7-26   额定工况下的电流稳态性能对比

为了直观地比较两种方法在全速范围内的电流稳态性能，图 7-27 中展现了不同转速下的电流 THD。显然，在不同转速下，本文所提出方法的电流稳态性能均优于传统双矢量 MPC 方法。

另外，对于不同转矩条件下的实验也进行了验证。图 7-28 中的实验结果表明，当电机带不同的负载运行时，所提出方法的电流 THD 仍低于传统双矢量 MPC 方法，换言之，可变死区时间的双矢量 MPC 方法稳态性能优于传统双矢量 MPC。

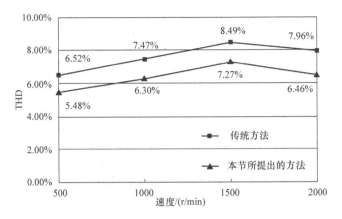

图 7-27　不同转速下的电流稳态 THD 对比

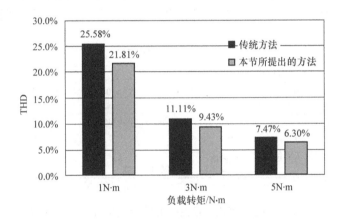

a) 转速为1000r/min

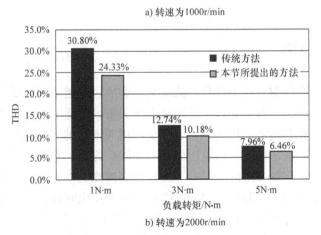

b) 转速为2000r/min

图 7-28　不同负载条件下的电流稳态性能对比

此外，平均开关频率也是评估模型预测控制方法控制性能的重要指标。两种方法的平均开关频率被列举在表 7-5 中，显然，所提出的方法能够降低逆变器开关频率。这是因为由于死区电压矢量的加入，某些情况下仅需要第一死区电压矢量和第一最优电压矢量就能够达到双矢量的控制效果，因此第二最优电压矢量和第二死区电压矢量的作用时间为零，控制周期仅有一次电压矢量切换，该过程如图 7-29 所示。因此，相比于传统方法，本节所提出的方法在提升稳态性能的同时还能够有效降低系统开关频率。

表 7-5 不同控制方法平均开关频率对比

转速	平均开关频率	
	传统方法	本节所提出方法
1000r/min	7.49kHz	6.03kHz
2000r/min	6.06kHz	5.10kHz

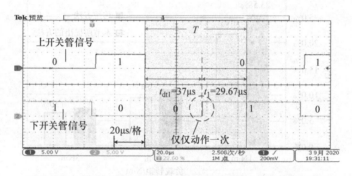

图 7-29 控制周期内仅存在一次开关动作时的开关信号图

7.4 本章小结

本章分析了死区对传统 MPCC 方法的具体影响，通过电压矢量图的方式，分析了 MPCC 方法中由于死区而产生的死区电压矢量，合适的死区持续时间可以提升 MPCC 的稳态控制性能。因此，为了充分利用 MPCC 的死区效应，提升 MPCC 的电流控制效果，提出基于死区电压矢量的 MPCC 方法，并推广应用于双矢量模型预测控制中。提出的方法区分了对 MPCC 控制性能起提升与削弱作用的死区电压矢量，并将能够提升控制性能的死区电压矢量的作用时间视为一个变量，通过电流无差拍的方式分配死区电压矢量与所选最优电压矢量的作用时间，而削弱 MPCC 控制性能的死区电压矢量的作用时间则固定为最小的 2.5μs。相比于传统 MPCC 方法的控制性能，本章所提出的单矢量与双矢量两种方法的控制性能明显提升，并且双矢量方法的开关频率比传统 MPCC 方法更低，而单矢量方法的开关频率与传统 MPCC 方法保持一致。

参 考 文 献

[1] ZHANG X, CHENG Y, ZHAO Z, et al. Optimized model predictive control with dead – time voltage vector for PMSM drives [J]. IEEE Transactions on Power Electronics, 2021, 36 (3): 3149 – 3158.

[2] ZHANG X, ZHAO Z. Model predictive control for PMSM drives with variable dead – zone time [J]. IEEE Transactions on Power Electronics, 2021, 36 (3): 10514 – 10525.

[3] SEON – HWAN HWANG S H, JANG – MOK KIM J M. Dead time compensation method for voltage – fed PWM inverter [J]. IEEE Transactions on Energy Conversion, 2010, 25 (1): 1 – 10.

[4] ZHANG X, HOU B. Double vectors model predictive torque control without weighting factor based on voltage tracking error [J]. IEEE Transactions on Power Electronics, 2018, 33 (3): 2368 – 2380.

[5] 徐艳平，王极兵，张保程，等. 永磁同步电机三矢量模型预测电流控制 [J]. 电工技术学报，2018, 33 (05): 980 – 988.

[6] TANG Z, AKIN B. A new LMS algorithm based deadtime compensation method for PMSM FOC drives [J]. IEEE Transactions on Industrial Applications, 2018, 54 (6): 6472 – 6484.

[7] CORTES P, Kazmierkowski M P, Kennel R M, et al. Predictive control in power electronics and drives [J]. IEEE Transactions on Industrial Electronics, 2008, 55 (12): 4312 – 4324.

两级和多级串联模型预测控制

在 MPC 控制中，电机的稳态控制性能与逆变器开关频率之间通常存在矛盾关系。一个控制周期内施加的电压矢量个数的增加能够得到更加准确的合成电压，进而得到更优的控制效果，但是电压矢量的增多又会带来额外的开关频率，增加开关损耗，降低效率。因此，逆变器的开关频率也是一个用来衡量电机稳态控制性能的重要指标。从另一个角度说，若能够在保持稳态性能相似的情况下降低开关频率，即等效于在相同开关频率下提升了系统的稳态控制性能。因此，针对这个矛盾问题，本章提出多级串联的模型预测控制方案（Multi-Stage Series MPC, MS-MPC)[1,2]，采用多个预测时刻的代价函数，构建多级串联结构进行电压矢量的筛选，选择能够使多个预测时刻控制效果整体最优的电压矢量。在控制频率相同时，该方法能够显著降低逆变器的开关频率；在开关频率相同时，该方法能够有效提升电机电流稳态控制性能。

8.1 概述

第 3 章中已经简单地介绍了传统模型预测控制方法的基本原理和最优电压矢量的选择过程。显然，在单矢量 MPC 中，在控制周期内只选择一次电压矢量，所选的最优电压矢量可以保证下一周期的控制效果最优。因此，只有当两个控制周期交替时，逆变器的开关状态才会发生变化。这意味着传统 MPC 方法的重点在于电压矢量只作用于一个控制周期时系统最优性。换句话说，在传统的 MPC 中，电压矢量的最优选择被限制在一个控制周期内。

值得注意的是，如果相邻控制周期所选择的最优电压矢量相同时，两个控制周期之间不需要进行电压矢量切换，逆变器的开关状态保持不变，相应的也可以避免开关器件的开关损耗。如果将 MPC 中电压矢量选择的最优性扩展到多个控制周期，系统的控制性能能够得到进一步的提升。虽然多步预测既可以实现稳态性能的提升又能降低开关频率，但是巨大的计算量使得多步预测在实际应用中受限。

本章提出的多级串联 MPC（MS-MPC）与多步预测不同，主要将每个电压矢量所得到的预测电流轨迹外推到多个控制周期，并利用多个串联的代价函数对各个电压矢量在每个控制周期的控制性能进行评估，选择出最优的电压矢量。该方法将多个控制周期的性能作为一个整体考虑，在多个控制周期选择相同的电压矢量作为最优电压矢量。下面将详细介绍 MS – MPC 的控制原理。

8.2 两级串联模型预测控制

为了便于理解所提出的 MS – MPC 方法，首先以两级串联 MPC 为例介绍。两级串联 MPC 的控制结构框图如图 8-1 所示。

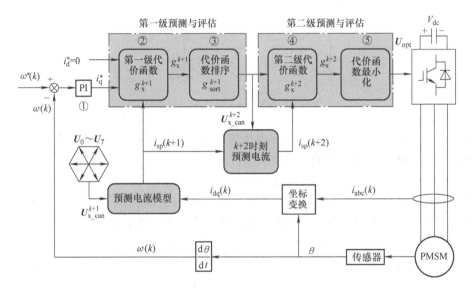

图 8-1 两级串联 MPC 的控制结构框图

8.2.1 第一级预测和评估

MS – MPC 方法与传统 MPC 方法采用相同的预测模型。因此，根据预测电流方程，能够得到 $k+1$ 时刻的预测电流，进而 $k+1$ 时刻的电流跟踪误差可以表示为

$$\Delta i_s(k+1) = i_{sref} - i_s(k+1) \tag{8-1}$$

不同的电压矢量会获得不同的预测电流，也会产生不同的电流跟踪误差。为了清晰地对比每个基本电压矢量作用时的控制效果，每个电压矢量对应的电流预测轨迹与电流跟踪误差以幅值的形式被描述在图 8-2 中。

由图 8-2 可以看出，电压矢量 U_2 与参考电流之间的电流跟踪误差最小，而电压矢量 U_6 与参考电流之间的电流跟踪误差最大。这意味着 U_2 在第一个控制周期能够达到最优的控制效果，U_6 所达到的控制效果最差。为了评估不同电压矢量在 $k+1$ 时刻产生的电流跟踪误差，构建关于电流误差的代价函数，具体如下：

$$g_x^{k+1} = [i_{dref} - i_{d\_x}(k+1)]^2 + [i_{qref} - i_{q\_x}(k+1)]^2 \tag{8-2}$$

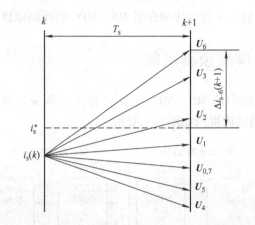

图 8-2　在第一级预测中外推到 $k+1$ 时刻的电流预测轨迹与跟踪误差

式中，$i_{d\_x}(k+1)$ 和 $i_{q\_x}(k+1)$ 为在电压矢量 $\boldsymbol{U}_x$ 作用下，$k+1$ 时刻的 d 轴和 q 轴预测电流；$\boldsymbol{U}_x$ 计算得到的第一级代价函数 g_x^{k+1} 对应图 8-1 中的模块②。

然后根据预测电流模型及代价函数公式，可以计算得到 8 个基本电压矢量所对应的代价函数，对每个电压矢量在第一级预测中的控制效果进行评估。从而能够得到基本电压矢量与其所对应代价函数之间的关系，如表 8-1 所示。

表 8-1　第一级电压矢量和代价函数

电压矢量	U_1	U_2	U_3	U_4	U_5	U_6	$U_{0,7}$
代价函数	g_1^{k+1}	g_2^{k+1}	g_3^{k+1}	g_4^{k+1}	g_5^{k+1}	g_6^{k+1}	$g_{0,7}^{k+1}$

8.2.2　第二级预测和评估

同理，根据电流预测模型与上文所得到的 $k+1$ 时刻的预测电流，可以计算出 $k+2$ 时刻的预测电流：

$$\begin{cases} i_d(k+2) = \left(1 - \dfrac{T_sR}{L}\right)i_d(k+1) + T_s\omega_e(k)i_q(k+1) + \dfrac{T_su_d(k+1)}{L} \\[3mm] i_q(k+2) = \left(1 - \dfrac{T_sR}{L}\right)i_q(k+1) - \dfrac{T_s\omega_e(k)[Li_d(k+1)+\psi_f]}{L} + \dfrac{T_su_q(k+1)}{L} \end{cases}$$

$$(8\text{-}3)$$

由第一级的预测过程可知，需要 8 次电流预测才能够得到每个电压矢量在 $k+1$ 时刻的电流。为了进一步计算 $k+2$ 时刻的预测电流，在第一级所得到的每个预测电流的基础上，仍需要对作用于第 $k+2$ 个控制周期的 8 个电压矢量的控制效果进行预测，如图 8-3 中所示的两个控制周期的预测电流轨迹。这意味着需要进行 8×8 次的电流预测才能够得到所有基本电压矢量在 $k+2$ 时刻的预测电流。此过程与传统多步预测的电流预测方式类似，与传统单矢量的 MPC 方法相比，这种方法的计算负担将会呈指数倍增加，而庞大的计算量会限制预测的范围。由于此方法的计算成本太大，难以在实际的工业系统中得到应用。

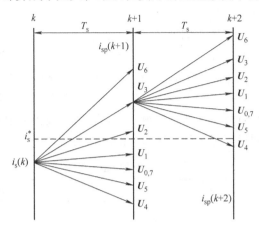

图 8-3　当所有电压矢量参与预测时的第二级电流预测轨迹

因此，有必要在考虑计算量可实现性的基础上，研究一种多步预测方法实现对多个控制周期电流的预测，以获得整体最优。针对这个问题，本文按照如图 8-4 所示的方式，将某一个基本电压矢量的电流预测轨迹外推到多个控制周期，仍然使用第一级预测所使用的电压矢量来计算 $k+2$ 时刻的预测电流。如此，这种方法不仅减少了计算量，而且由于两个控制周期电压矢量的一致性，开关频率也得以降低。

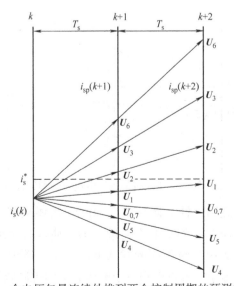

图 8-4　一个电压矢量连续外推到两个控制周期的预测电流轨迹

值得注意的是，某些基本电压矢量在 $k+2$ 时刻的预测电流会与参考电流之间存在较大的电流跟踪误差，例如图 8-4 中的 U_6 和 U_4，这些电压矢量如果被应用于电机，不仅会使系统控制性能更加恶化，而且会增加预测的计算量。因此，对于第二级预测所使用的候选电压矢量，我们可以合理地加以限制，将一些不利的电压矢量从候选电压矢量中剔除，不参与第二级中 $k+2$ 时刻预测电流的计算。第一级预测中的电流跟踪误差（即第一级的代价函数 g_x^{k+1}）作为判断电压矢量控制效果优劣的重要依据。为了确定第二级预测的候选电压矢量，本节采用以下规则：以前一级预测中产生的电流跟踪误差最小的两个电压矢量作为最后一级的候选电压矢量，如此就能保证所选择电压矢量在第一级预测中也能够改善系统控制性能。表 8-2 中列举了每级预测所对应的电压矢量。

表8-2　候选电压矢量

预测级数	预测时刻	候选电压矢量	候选电压矢量个数
第一级	$k+1$	$\boldsymbol{U}_{x\_can}^{k+1}$	8
第二级 （最后一级）	$k+2$	$\boldsymbol{U}_{x\_can}^{k+2}$	2

然后，其他基本电压矢量将会从上一级的候选电压矢量中被剔除。图 8-5 描述了第二级候选矢量的选择方式。通过此方法能够方便地确定下级预测所需要的候选矢量的个数。

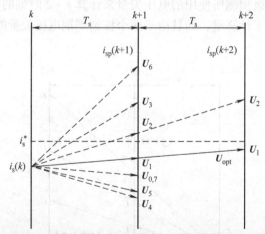

图 8-5　候选电压矢量的预测电流轨迹和选择方式

因此，根据上述规则，针对两级串联 MPC，需要从第一级预测中选择出 2 个产生最小电流跟踪误差的基本电压矢量（即，使得第一级代价函数最小的两个基本电压矢量）作为第二级预测的候选电压矢量。通过对表 8-1 中的第一级预测的代价函数进行排序，可以得到每个电压矢量的控制效果，排序后的代价函

数可表示为

$$g_{\text{sort}}^{k+1} = \text{sort}\{g_1^{k+1}, g_2^{k+1}, \cdots, g_{0,7}^{k+1}\} \tag{8-4}$$

为了便于理解，以图 8-2 中的各个电压矢量的控制效果为例，对第一级代价函数进行排序，排序结果见表 8-3。

表 8-3 第一级代价函数排序

	被选择		被移除				
电压矢量	U_2	U_1	$U_{0,7}$	U_3	U_5	U_4	U_6
代价函数	g_2^{k+1}	g_1^{k+1}	$g_{0,7}^{k+1}$	g_3^{k+1}	g_5^{k+1}	g_4^{k+1}	g_6^{k+1}

从表 8-3 中能够明显看出，U_2 和 U_1 所对应的第一级的代价函数的值最小，这也意味着 U_2 和 U_1 能够在 $k+1$ 时刻达到更好的控制效果，因此这两个基本电压矢量被选择作为第二级预测中的候选电压矢量，就如图 8-5 中第二个控制周期所保留的两个电压矢量。本章将 $k+2$ 时刻的候选电压矢量记为

$$U_{\text{x\_can}}^{k+2} = U_{\min 2 g_{\text{sort}}^{k+1}} = \{U_1, U_2\} \tag{8-5}$$

在第二级预测的候选电压矢量确定后，为了选择出最终施加于电机的最优电压矢量，需要重新构建一个关于 $k+2$ 时刻预测电流跟踪误差的代价函数，即第二级的代价函数 g_x^{k+2}：

$$g_x^{k+2} = \left[i_d^* - i_{d\_x}(k+2)\right]^2 + \left[i_q^* - i_{q\_x}(k+2)\right]^2 \tag{8-6}$$

以此为基础，通过计算每个候选电压矢量对应的第二级代价函数，选择出值最小的一个作为最优电压矢量并应用于 PMSM。如图 8-5 中的示例，由于 U_1 产生的第二级预测电流的跟踪误差最小，对应的第二级代价函数也最小，因此被选择作为最优电压矢量。

由以上分析可知，第二级代价函数 g_x^{k+2} 需要通过第一级代价函数 g_x^{k+1} 去确定它的候选电压矢量，g_x^{k+1} 和 g_x^{k+2} 构成了一种级联的结构，并通过这种级联结构达到了两个控制周期的最优效果。

8.3 多级串联模型预测控制

上节对两级串联 MPC 进行了详细的介绍，同理，两级串联 MPC 的方法也能够扩展到多个预测周期，即多级串联 MPC。多级串联 MPC 的控制结构图如图 8-6所示。

如图 8-6 所示，在多级串联 MPC 中，每个基本电压矢量所产生的预测电流被外推到 $k+m$ 时刻（$2 < m < 8$），每一级的预测和评估构成一个级联结构。而且，每级的候选电压矢量是不同的，需要通过上一级的预测和评估环节确定。因此，这种控制方式的整体呈现出多级串联结构的特性。

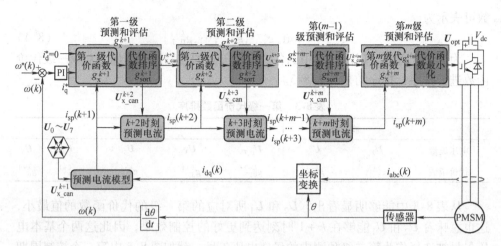

图 8-6   多级串联 MPC 的控制结构图

8.3.1   每级候选电压矢量的确定

与两级串联 MPC 类似，在多级串联 MPC 中（m 级），每一级的候选电压矢量也需要从前一级中去除一些电流跟踪误差较大的电压矢量，以此直到最后一级，然后在最后一级留下两个候选电压矢量，并通过最后一级的代价函数判断，从中选择出最优电压矢量。

但是，因为电压矢量施加的第一个控制周期直接关系到电机的控制性能，并且会对后面的预测时刻产生重要影响，因此，在本节中，为了确保电机在第一个控制周期的性能并减少一定的计算负担，多数的不利电压矢量将会在第二级时被去除，保留电流跟踪误差相对较小的电压矢量作为第二级的候选电压矢量。然后从第二级开始，每级从上一级候选矢量中去除一个控制效果最差的电压矢量，直到最后一级（第 m 级）剩余的两个候选电压矢量。

基于上述的候选电压矢量选择方式，可以通过倒推法确定每一级候选电压矢量的个数。表 8-4 将 m 级串联 MPC 的候选电压矢量个数列举其中。

表 8-4 m 级串联 MPC 中各级候选电压矢量数目

预测级数	预测时刻	候选电压矢量	候选电压矢量个数
第一级	$k+1$	$U_{\text{x\_can}}^{k+1}$	8
第二级	$k+2$	$U_{\text{x\_can}}^{k+2}$	m
第三级	$k+3$	$U_{\text{x\_can}}^{k+3}$	$m-1$
...	...	...	...
第$(m-1)$级	$k+m-1$	$U_{\text{x\_can}}^{k+m-1}$	3
第 m 级	$k+m$	$U_{\text{x\_can}}^{k+m}$	2

8.3.2 第 *m* 级的预测与评估

根据预测电流方程，通过迭代运算可以简单地得到每个时刻的预测电流。在 $k+m$ 时刻的预测电流通式可以表示为

$$\begin{cases} i_{\text{d}}(k+m) = \left(1 - \dfrac{T_{\text{s}}R}{L}\right)i_{\text{d}}(k+m-1) + T_{\text{s}}\omega_{\text{e}}(k)i_{\text{q}}(k+m-1) + \dfrac{T_{\text{s}}\boldsymbol{u}_{\text{d}}(k+m-1)}{L} \\[3mm] i_{\text{q}}(k+m) = \left(1 - \dfrac{T_{\text{s}}R}{L}\right)i_{\text{q}}(k+m-1) - \dfrac{T_{\text{s}}\omega_{\text{e}}(k)\left[Li_{\text{d}}(k+m-1) + \psi_{\text{f}}\right]}{L} + \dfrac{T_{\text{s}}\boldsymbol{u}_{\text{q}}(k+m-1)}{L} \end{cases}$$

$$(8\text{-}7)$$

然后，基于预测电流与参考电流之间的跟踪误差，构建每级的代价函数如下：

$$g_{\text{x}}^{k+1} = \left[i_{\text{d}}^* - i_{\text{d\_x}}(k+1)\right]^2 + \left[i_{\text{q}}^* - i_{\text{q\_x}}(k+1)\right]^2$$
$$g_{\text{x}}^{k+2} = \left[i_{\text{d}}^* - i_{\text{d\_x}}(k+2)\right]^2 + \left[i_{\text{q}}^* - i_{\text{q\_x}}(k+2)\right]^2 \qquad (8\text{-}8)$$
$$\cdots$$
$$g_{\text{x}}^{k+m-1} = \left[i_{\text{d}}^* - i_{\text{d\_x}}(k+m-1)\right]^2 + \left[i_{\text{q}}^* - i_{\text{q\_x}}(k+m-1)\right]^2$$
$$g_{\text{x}}^{k+m} = \left[i_{\text{d}}^* - i_{\text{d\_x}}(k+m)\right]^2 + \left[i_{\text{q}}^* - i_{\text{q\_x}}(k+m)\right]^2$$

与两级串联 MPC 类似，多级串联 MPC 也需要根据前一级代价函数的排序结果去除一些候选电压向量。这意味着在每一级都要对该级候选电压矢量对应的代价函数进行排序。在 m 级串联 MPC 中代价函数排序及选取候选电压矢量的过程可由下式（8-9）表示：

$$g_{\text{sort}}^{k+1} = \text{sort}\left\{g_1^{k+1}, g_2^{k+1}, \cdots, g_{0,7}^{k+1}\right\}$$
$$\xrightarrow{\boldsymbol{U}_{\text{x\_can}}^{k+2}} g_{\text{sort}}^{k+2} = \text{sort}\left\{g_{\text{a1}}^{k+2}, g_{\text{a2}}^{k+2}, \cdots, g_{\text{a}m}^{k+2}\right\}$$
$$\xrightarrow{\boldsymbol{U}_{\text{x\_can}}^{k+3}} g_{\text{sort}}^{k+3} = \text{sort}\left\{g_{\text{b1}}^{k+3}, g_{\text{b2}}^{k+3}, \cdots, g_{\text{b}(m-1)}^{k+3}\right\} \qquad (8\text{-}9)$$
$$\cdots$$
$$\xrightarrow{\boldsymbol{U}_{\text{x\_can}}^{k+m-1}} g_{\text{sort}}^{k+m-1} = \text{sort}\left\{g_{\text{c1}}^{k+m-1}, g_{\text{c2}}^{k+m-1}, g_{\text{c3}}^{k+m-1}\right\}$$
$$\xrightarrow{\boldsymbol{U}_{\text{x\_can}}^{k+m}} g_{\text{sort}}^{k+m} = \text{sort}\left\{g_{\text{d1}}^{k+m}, g_{\text{d2}}^{k+m}\right\}$$

式中，a1，a2，$\cdots$，am 表示每一级候选电压矢量的矢量号。

经过以上的候选电压矢量筛选，最终在最后一级留下两个候选电压矢量 $\boldsymbol{U}_{\text{x\_can}}^{k+m}$，然后根据最后一级的代价函数，选择出令 g_{x}^{k+m} 最小的电压矢量作为最优电压矢量。

为了便于理解本文所提出的多级串联 MPC 的方法，将整个控制方法的实现总结为以下几步，并且由图 8-7 表示。

1）根据采样电流和预测电流方程，计算得到 $k+1$ 时刻的预测电流；

2）构建式（8-8）表示的每一级的代价函数，然后根据 8 个基本电压矢量，

计算与之对应的第一级的代价函数；

3）将第一级代价函数按照升序排列，然后按照表8-3选择出规定数目的电压矢量作为下一级的候选电压矢量；

4）通过迭代运算和已确定的候选电压矢量，计算每一级候选电压矢量的预测电流；

5）根据表8-4，确定每一级候选电压矢量的个数，然后将预测电流外推至最后一个预测时刻（即第m级），可知此时候选电压矢量个数为2；

6）通过最后一级代价函数g_x^{k+m}最小化，选择出对应的电压矢量作为最优电压矢量，并应用于电机。

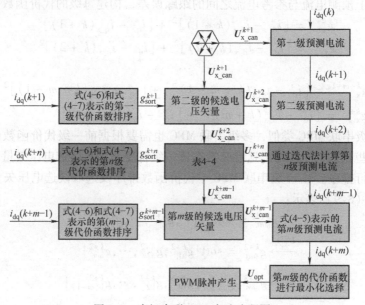

图8-7　多级串联MPC方法流程图

8.4 实验结果

为了评价多级串联MPC方法的性能并验证其有效性，在PMSM实验平台上与传统单矢量MPC进行了实验比较，实验的电机参数与上一章相同。此外，系统的控制频率被设定为12kHz。

在相同的控制频率下，多级串联MPC与传统MPC的稳态性能对比如图8-8所示。从图中能够看出，传统MPC的电流THD为13.63%，与传统方法相比，两级串联MPC的电流控制效果与之类似，电流THD为13.86%，三级串联MPC的电流THD略高于传统方法，达到了14.70%。此外，四级和五级串联MPC的电流控制性能变差，电流 THD 分别为 15.89% 和 17.51%。这意味着相同的控制频率下，多级串联 MPC 所预测的级数越多，电流的控制性能也就越差。但是，在评估所提出方法的控制性能时，仅仅对比电流 THD 的对比是不合理的，而开关频率也是一个重要指标。

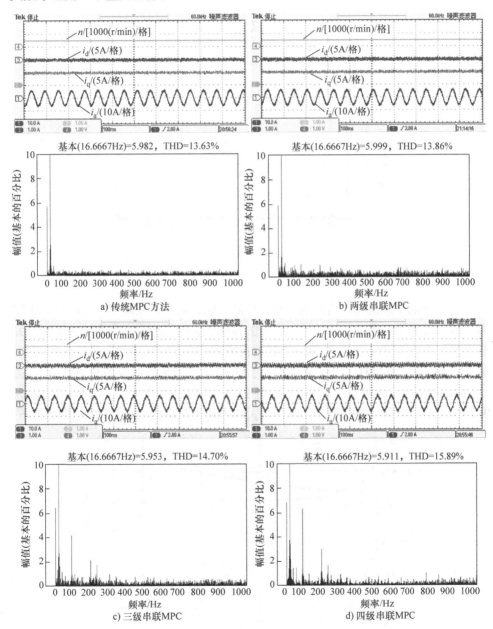

图 8-8　传统 MPC 与本文所提出方法的电流稳态性能对比（500r/min，5N·m）

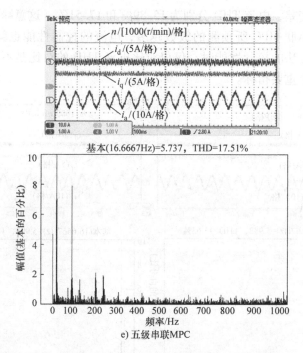

基本(16.6667Hz)=5.737，THD=17.51%

e) 五级串联MPC

图 8-8 传统 MPC 与本文所提出方法的电流稳态性能对比（500r/min，5N·m）（续）

为了更加全面地比较两种的控制方法的性能，需要在控制频率相同时，比较两者的开关频率。因此，本节进行了开关频率测量的实验，两种方法的平均开关频率和相电流 THD 的实验结果对比展示在图 8-9 中，由图可知，传统 MPC 方法的开关频率为 1.91kHz，对应的 THD 为 13.63%，而采用两级串联 MPC 的方法能够将平均开关频率由 1.91kHz 降低到 1.62kHz，而相应的 THD 略微增高0.23%，当预测级数增加到三级时，开关频率进一步降低为 1.58kHz，四级和五

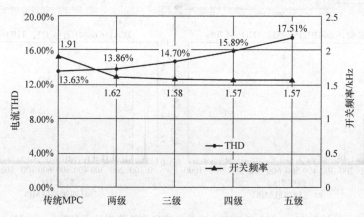

图 8-9　不同方法的开关频率和电流 THD 对比

级 MPC 的开关频率相近，为 1.57kHz。显然，本文所提出的方法相比于传统 MPC 有着更低的开关频率；另一方面，随着预测级数的增加，开关频率降低的速度越来越慢。

以上实验结果表明，与传统 MPC 方法相比，多级串联 MPC 方法虽然增加了电流 THD，但可以获得更低的开关频率。为了直观地对比多级串联 MPC 所降低开关频率的幅度，图 8-10 描述了多级串联 MPC 每增加单位（1%）THD 所能够降低的平均开关频率。由图 8-10 可知，在两级串联 MPC 中，电流 THD 相比于传统 MPC 每增加 1%，开关频率就会降低 1261Hz（约为传统 MPC 的 66%）；三级串联 MPC 能够降低 309Hz（约为传统 MPC 的 16%）；而四级和五级串联 MPC 所降低的幅度更小。这也意味着如果综合考虑电流 THD 和开关频率，两级串联 MPC 和三级串联 MPC 在增加单位幅度的 THD 时，能够降低更多的开关频率。

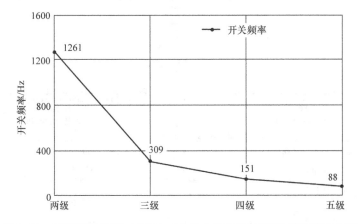

图 8-10　不同预测级数下每增加 1% 的电流 THD 时开关频率降低幅度

为了进一步验证所提出方法的有效性，在相同开关频率下，对于电机电流的稳态性能进行了对比实验。当需要比较不同的控制方法的控制效果优劣时，对比相同开关频率下的控制性能通常被视为一种共识[3]。本节以四级串联 MPC 控制下的开关频率作为对比实验的开关频率基准值，即 1.57kHz。对比实验的结果能够从图 8-11 和图 8-12 中得到。显然，在相同的开关频率下，两级串联 MPC 的电流稳态控制性能优于传统 MPC 方法，电流 THD 由 16.11% 降低为 14.58%；三级串联 MPC 的电流 THD 为 14.92%。这意味着两级串联 MPC 和三级串联 MPC 能够在相同的开关频率时，有效地提升系统的电流稳态性能。另外，四级串联 MPC 和五级串联 MPC 所得到的电流 THD 分别为 16.47% 和 17.51%，这个实验结果说明了当预测的级数超出一定范围时，多级串联 MPC 虽然能够降低开关频率，但是对于系统的稳态性能具有一定的负面影响。

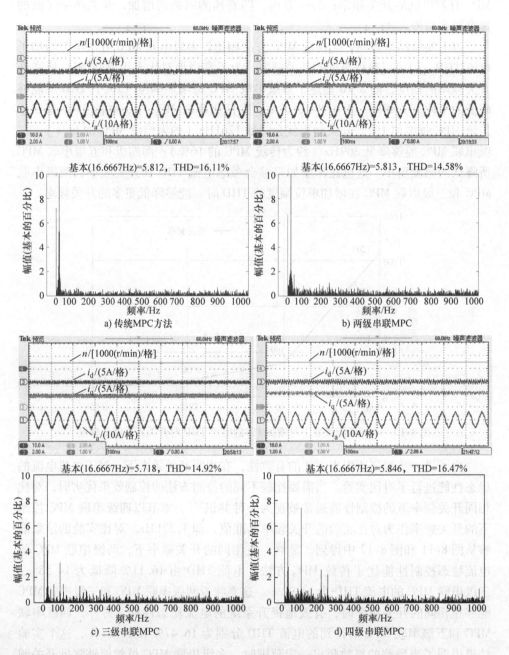

图 8-11 相同开关频率下不同方法电流稳态性能对比

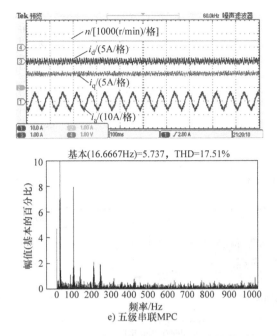

e) 五级串联MPC

图 8-11　相同开关频率下不同方法电流稳态性能对比（续）

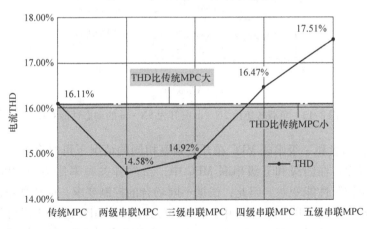

图 8-12　相同开关频率下不同方法的电流 THD 对比

另外，为了验证所提出方法的动态性能，本节在 500r/min 的工况下进行了负载转矩突变的动态实验。由图 8-13 可以看出，所提出方法的动态响应时间与传统 MPC 方法相近，这也意味着该方法能够在动态性能相同的情况下提高传统 MPC 方法的稳态性能。

从以上实验结果可以看出，多级串联 MPC 具有开关频率低的优点，与传统

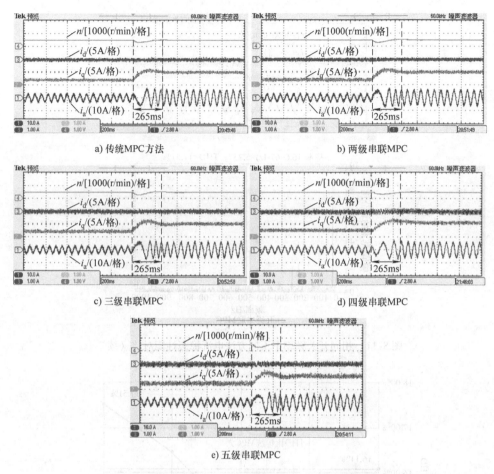

a) 传统MPC方法   b) 两级串联MPC

c) 三级串联MPC   d) 四级串联MPC

e) 五级串联MPC

图 8-13   负载转矩由 2N·m 突升为 5N·m 的动态性能对比

MPC 相比，两级和三级串联 MPC 在开关频率相同的情况下可以有效改善稳态性能；另一方面，在四级和五级串联 MPC 中，虽然开关频率比传统 MPC 有所降低，但电流控制性能变差。因此，根据不同场合的控制要求，应选择不同外推预测级数的多级序列 MPC。在本节中，两级和三级串联 MPC 适用于以电流性能和开关频率为最重要控制目标的场合；而四级和五级串联 MPC 仅适用于开关频率优先级较高的场合。

8.5 两级串联模型预测转矩控制

    本节提出了一种用于永磁同步电机（PMSM）驱动的两级串联模型预测转矩控制方法（MPTC）。首先，基于瞬时功率理论，将电磁转矩和转子磁链的控制转化为双转矩控制（即有功转矩和无功转矩的控制），以消除传统 MPTC 中的权重系数。本方法同时提出了两级串联模型预测转矩控制的概念，双转矩预测轨迹和双转矩参考被外推至两个控制周期，并设计两个预测过程的代价函数，形成两级串联控制结构。在提出的方法中，第一级的预测方程被用来选择候选电压矢量，第二级的预测被用来选择最优电压矢量。由于在选择电压矢量时同时考虑了未来两个控制周期的代价函数，因此相邻控制周期采用同一电压矢量的可能性增大，从而可降低系统的开关频率。最后，通过实验验证了提出方法的有效性。

8.5.1　数学模型

永磁同步电机的电压模型如下：

$$\begin{cases} u_d = L_d \dfrac{\mathrm{d}i_d}{\mathrm{d}t} + Ri_d - \omega_e\psi_q \\[2mm] u_q = L_q \dfrac{\mathrm{d}i_q}{\mathrm{d}t} + Ri_q + \omega_e\psi_d \end{cases} \tag{8-10}$$

式中，u_d 和 u_q 分别为 d 轴和 q 轴电压；i_d 和 i_q 为 dq 轴的定子电流。由于使用表贴式永磁同步电机（SPMSM），d 轴等效电感等于 q 轴等效电感，即 $L_d = L_q = L$。此外，R 和 ω_e 是定子电阻和转子电角速度（rad/s）。

d 轴和 q 轴的定子磁链分别等效表示为 ψ_d 和 ψ_q，表示如下：

$$\begin{cases} \psi_d = L_d i_d + \psi_f \\ \psi_q = L_q i_q \end{cases} \tag{8-11}$$

式中，ψ_f 为永磁体磁链。那么，电磁转矩可表达为

$$\begin{aligned} T_e &= 1.5 p_n (\psi_d i_q - \psi_q i_d) \\ &= 1.5 p_n \psi_f i_q \end{aligned} \tag{8-12}$$

为了实现电流预测，将方程式（8-10）和方程式（8-11）通过梯形积分法进行离散化。因此，在第 $(k+1)$ 时刻的电流可以表示为

$$\begin{cases} i_d(k+1) = \left(1 - \dfrac{T_s R}{L}\right)i_d(k) + \omega_e T_s i_q(k) + \dfrac{T_s}{L}u_d(k) \\[3mm] i_q(k+1) = \left(1 - \dfrac{T_s R}{L}\right)i_q(k) - \omega_e T_s i_d(k) + \dfrac{T_s}{L}u_q(k) - \dfrac{\omega_e T_s \psi_f}{L} \end{cases} \tag{8-13}$$

8.5.2　模型预测双转矩控制

在传统的 MPTC 中，有两个控制变量，即电磁转矩和定子磁链，都包含在代价函数中，而且两个控制变量的维度不同。因此，复杂的权重系数设计是不可避免的。为了消除代价函数中的权重系数，提高系统的控制准确度，本节将传统方法中的电磁转矩和定子磁链控制转化为双转矩控制，即有功转矩和无功转矩。

　　双转矩方法的控制框图如图 8-14 所示，主要包括四个部分：一拍延时补偿、双转矩预测模型、双转矩参考值计算和最优电压矢量选择。

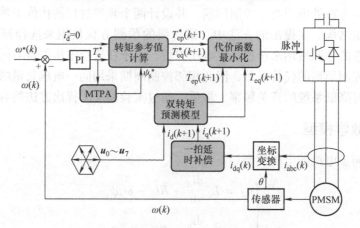

图 8-14　模型预测双转矩控制的控制框图

1. 一拍延时补偿

　　在实际应用中，一拍延迟将影响数字电路系统中的控制性能。为了有效降低一拍延迟的影响，通常采用一步预测法对系统进行补偿。因此，根据式（8-13）表示的离散电流模型预测第（$k+1$）时刻的电流，然后用预测电流代替采样电流，实现一拍延时补偿。在本节中，一拍延时补偿后的电流值表示为

$$i'_{\rm s}(k) = i_{\rm s}(k+1) = i_{\rm s}(k) + T_{\rm s}/L[u'_{\rm s}(k) - Ri_{\rm s}(k) - {\rm j}\omega\psi_{\rm f}{\rm e}^{{\rm j}\theta}] \quad (8\text{-}14)$$

式中，$i'_{\rm s}(k) = [i'_{\rm d}(k) \quad i'_{\rm q}(k)]^T$ 代表补偿电流；$u'_{\rm s}(k) = [u'_{\rm d}(k) \quad u'_{\rm q}(k)]^T$ 代表在当前的控制周期中施加的 dq 轴电压。

　　那么，式（8-13）表示的经过一拍延时补偿的离散模型可以重写为

$$\begin{cases} i_{\rm d}(k+1) = \left(1 - \dfrac{T_{\rm s}R}{L}\right)i'_{\rm d}(k) + \omega_{\rm e}T_{\rm s}i'_{\rm q}(k) + \dfrac{T_{\rm s}}{L}u_{\rm d}(k) \\[3mm] i_{\rm q}(k+1) = \left(1 - \dfrac{T_{\rm s}R}{L}\right)i'_{\rm q}(k) - \omega_{\rm e}T_{\rm s}i'_{\rm d}(k) + \dfrac{T_{\rm s}}{L}u_{\rm q}(k) - \dfrac{\omega_{\rm e}T_{\rm s}\psi_{\rm f}}{L} \end{cases} \quad (8\text{-}15)$$

2. 双转矩预测模型

　　本节采用瞬时功率理论（P–Q 理论），将电磁转矩和定子磁链转化为双转矩（即有功转矩和无功转矩）。首先，$\alpha\beta$ 轴上的电动势和电流的关系如图 8-15 所示，由于 SPMSM 可等效为电感负载，因此电动势 e 超前于电流 $\theta°$。

　　在图 8-15 中，三相瞬时有功电流 $i_{\rm p}$ 和三相瞬时无功电流 $i_{\rm q}$ 分别是瞬时电流矢量 i 在瞬时电动势矢量 e 上及其法线的投影。因此，$\alpha\beta$ 轴上的有功功率和无功功率的表达为

$$\begin{cases} p_{3m}^{\alpha\beta} = |e||i_p = e_\alpha i_\alpha + e_\beta i_\beta \\ q_{3m}^{\alpha\beta} = |e||i_q = e_\beta i_\alpha - e_\alpha i_\beta \end{cases} \quad (8\text{-}16)$$

式中，$p_{3m}^{\alpha\beta}$ 和 $q_{3m}^{\alpha\beta}$ 分别是 $\alpha\beta$ 轴上的瞬时有功功率和瞬时无功功率。

根据式（8-16），瞬时有功功率和瞬时无功功率可以通过坐标变换在 dq 轴上进一步表示为

$$\begin{cases} p_{3m}^{dq} = \dfrac{3}{2}(e_d i_d + e_q i_q) \\ q_{3m}^{dq} = \dfrac{3}{2}(e_q i_d - e_d i_q) \end{cases} \quad (8\text{-}17)$$

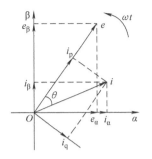

图 8-15　$\alpha\beta$ 轴上电动势与电流的关系

另一方面，根据瞬时功率和机械角速度的关系，双转矩表达如下：

$$\begin{cases} T_{ep} = \dfrac{p_{3m}^{dq}}{\omega_m} \\ T_{eq} = \dfrac{q_{3m}^{dq}}{\omega_m} \end{cases} \quad (8\text{-}18)$$

式中，T_{ep} 和 T_{eq} 分别是有功转矩和无功转矩；ω_m 是电机的机械角速度。

将式（8-17）代入式（8-18），可以得到双转矩预测模型，其离散化表达式如下所示：

$$\begin{cases} T_{ep}(k+1) = \dfrac{3}{2}p_n \psi_f i_q(k+1) \\ T_{eq}(k+1) = \dfrac{3}{2}p_n \big[L(i_d^2(k+1) + i_q^2(k+1)) + \psi_f i_d(k+1) \big] \end{cases} \quad (8\text{-}19)$$

3. 双转矩参考值的计算和最佳电压矢量选择

如图 8-14 所示，电磁转矩的参考值（T_e^*）是由给定的转速和电机的实际转速通过速度外环的 PI 调节器产生的；另一方面，图 8-14 中定子磁链的参考值可以通过 MTPA（最大转矩电流比公式）得到，再使用 dq 轴定子磁链表达式（8-11）和转矩表达式（8-12），得到定子磁链参考值如下所示：

$$\psi_s^* = \sqrt{(L_d i_d + \psi_f)^2 + (L_q i_q)^2} = \sqrt{\psi_f^2 + \left(L\frac{2T_e^*}{3P_n\psi_f} \right)^2} \quad (8\text{-}20)$$

因此，双转矩参考值可以根据 T_e^* 和 ψ_s^* 得到。一方面，由于 T_e^* 代表有功转矩，其参考值可被视为 T_{ep}^*；另一方面，无功转矩参考值 T_{eq}^* 可以根据双转矩预测方程式（8-19）和 dq 轴定子磁链表达式（8-11）（即 $\psi_s = \sqrt{\psi_d^2 + \psi_q^2}$）获得，如下所示：

$$T_{eq}^* = \frac{3}{2}p_n \frac{(\psi_s^{*2} - \psi_f^2 - Li_d^* \psi_f)}{L} \tag{8-21}$$

式中，i_d^* 是 d 轴电流参考值。然后，根据定子磁链参考值式（8-21）和公式 i_d^* =0，无功转矩参考值可表示为 $T_{eq}^* = \frac{2LT_e^{*2}}{3p_n\psi_f^2}$。

在第 $(k+1)$ 时刻的双转矩参考值可以表达为

$$\begin{cases} T_{ep}^*(k+1) = T_e^* \\ T_{eq}^*(k+1) = \frac{2LT_e^{*2}}{3p_n\psi_f^2} \end{cases} \tag{8-22}$$

基于双转矩参考表达式（8-22），设计了以下代价函数来选择最优电压矢量。可以明显地看出，基于双转矩的成本函数消除了传统方法中转矩和磁链之间的权重系数。

$$J^{k+1} = [T_{ep}^*(k+1) - T_{ep}(k+1)]^2 + [T_{eq}^*(k+1) - T_{eq}(k+1)]^2 \tag{8-23}$$

在本节中，采用了两电平逆变器拓扑结构。因此，可得到 8 个基本电压矢量，其中包括 6 个非零电压矢量和 2 个零电压矢量。为了选择最优电压矢量，首先将上述 8 个电压矢量依次代入式（8-15）和式（8-19），得到相应的双转矩预测值，然后用式（8-23）表示的代价函数来评估转矩预测值。最终选择代价函数值最小的电压矢量作为最优电压矢量。

8.5.3 两级串联模型预测转矩控制

上节提到的模型预测双转矩控制是一种典型的单步预测控制方法，它只选择满足下一个控制瞬间控制最优性的电压矢量。虽然单步预测控制具有易于实现的优点，但其稳态控制性能和平均开关频率并不理想。与单步预测不同，在多个控制瞬间选择多个最优电压矢量的多步预测控制方法不仅可以实现良好的稳态控制性能，而且可以降低开关频率。然而，由于硬件数据处理能力的限制，庞大的计算负担限制了多步预测控制的进一步应用。

因此，本节提出了一种计算负担较小的两级串联控制思想，在保证稳态性能的同时，可有效地降低系统的开关频率。本节提出的两级串联模型预测双转矩控制方法（即 D – MPTC）的控制框图如图 8-16 所示。

1. 第一级模型预测双转矩控制

第一级预测与典型的单步预测控制方法相似。因此，转矩预测模型、转矩参考值和代价函数分别与式（8-19）、式（8-22）和式（8-23）相同。图 8-17 是第一级模型预测双转矩控制的预测轨迹示意图，用来展示第一级预测的电压矢量

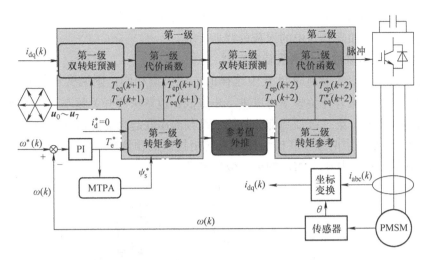

图 8-16　两级串联 D – MPTC 的控制框图

选择过程。图 8-17 中的黑色虚线表示转矩参考值，灰色虚线箭头表示不同电压矢量应用于双转矩预测模型时的转矩轨迹。图 8-17 和图 8-18 中的符号 "$\otimes$" 代表将有功转矩 T_{ep} 与无功转矩 T_{eq} 作为整体进行统一表示。

在第一级模型预测双转矩控制中，根据式（8-23）表示的代价函数，计算出第一级预测转矩值（即，$J_{U_i}^{k+1}$，$i = 0$，…，7）与转矩参考值

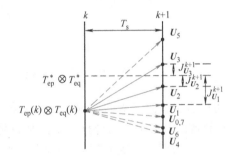

图 8-17　第一级模型预测双转矩控制轨迹示意图

之间的误差。然后，采用冒泡法，将计算出的不同电压矢量的代价函数值按升序排列如下所示：

$$\text{sort}\{J_{U_1}^{k+1}, J_{U_2}^{k+1} \cdots, J_{U_7}^{k+1}\} \tag{8-24}$$

表 8-5 列出了通过式（8-24）表示的冒泡法得到的升序代价函数和相应的电压矢量（以图 8-18 为例）。

表 8-5　第一级按升序排列的代价函数值及对应的电压矢量

按升序排列的代价函数	$J_{U_3}^{k+1}$	$J_{U_2}^{k+1}$	$J_{U_1}^{k+1}$	$J_{U_5}^{k+1}$	$J_{U_{0,7}}^{k+1}$	$J_{U_6}^{k+1}$	$J_{U_4}^{k+1}$
对应的电压矢量	U_3	U_2	U_1	U_5	$U_{0,7}$	U_6	U_4

在第一级预测中，选择代价函数值最小的三个电压矢量（U_{m1}、U_{m2}、U_{m3}）作为第二级预测的候选电压矢量。以图 8-18 为例，很明显 $J_{U_3}^{k+1}$、$J_{U_2}^{k+1}$ 和 $J_{U_1}^{k+1}$ 的

值被判断为较小的三个代价函数值，因为电压矢量 U_3、U_2 和 U_1 的转矩轨迹更接近转矩参考值，如表 8-5 中的深灰色背景所示。

2. 第二级串联模型预测双转矩控制

考虑到如果相邻控制周期 T_s 中选择的电压矢量相同，则逆变器的开关状态不会改变，这意味着开关频率可以进一步降低，也意味着开关频率存在大幅度降低的可能。因此，第二级预测部分与第一级预测串联起来，降低开关频率。

图 8-18 给出了两级串联模型预测双转矩控制的预测轨迹，其中浅灰色背景部分是在第一级的基础上增加的第二级预测部分。

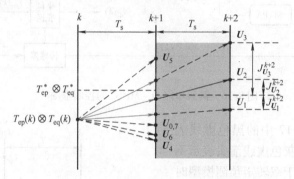

图 8-18　两级串联模型预测的双转矩控制轨迹

可以看出，第二级的预测部分是在第一级选择的 3 个电压矢量（U_{m1}、U_{m2}、U_{m3}）轨迹的基础上，再外推一个控制周期 T_s。

首先，根据第一级的预测，可以得到三个候选电压矢量。接下来，根据候选电压矢量在 $(k+1)$ 时刻的预测电流，计算不同的候选电压矢量在 $(k+2)$ 时刻的电流预测值如下所示：

$$\begin{cases} i_d(k+2) = Ai_d(k+1) + Bi_q(k+1) + Cu_d(k) \\ i_q(k+2) = Ai_q(k+1) - Bi_d(k+1) + Cu_q(k) + D \end{cases} \tag{8-25}$$

式中，$A = 1 - \dfrac{T_s R}{L}$；$B = \omega_e T_s$；$C = \dfrac{T_s}{L}$；$D = -\dfrac{\omega_e T_s \psi_f}{L}$。

然后，根据式（8-19）表示的双转矩预测模型和第 $(k+2)$ 时刻的表示的预测电流值，可以得到第 $(k+2)$ 时刻的双转矩预测值，即

$$\begin{cases} T_{ep}(k+2) = \dfrac{3}{2} p_n \varphi_f i_q(k+2) \\ T_{eq}(k+2) = \dfrac{3}{2} p_n \left[L(i_d^2(k+2) + i_q^2(k+2)) + \varphi_f i_d(k+2) \right] \end{cases} \tag{8-26}$$

另一方面，需要注意的是，与第一阶段预测部分的转矩参考值相比，当转矩预测轨迹外推到第二阶段时，转矩参考值会发生变化（如图 8-18 中不同的转矩

参考值)。这意味着还需要预测第 $(k+2)$ 时刻的转矩参考值。本节采用拉格朗日外推法获得第 $(k+2)$ 时刻的转矩参考值,其表示如下:

$$\begin{cases} T_{ep}^*(k+2) = 3T_{ep}^*(k+1) - 3T_{ep}^*(k) + T_{ep}^*(k-1) \\ T_{eq}^*(k+2) = 3T_{eq}^*(k+1) - 3T_{eq}^*(k) + T_{eq}^*(k-1) \end{cases} \quad (8\text{-}27)$$

在式 (8-26) 中,$T_{ep}^*(k+1)$ 和 $T_{eq}^*(k+1)$ 是由式 (8-21) 计算出的当前控制周期的转矩参考值,$T_{ep}^*(k)$ 和 $T_{eq}^*(k)$ 是前一个控制周期计算出的转矩参考值,$T_{ep}^*(k-1)$ 和 $T_{eq}^*(k-1)$ 是前两个控制周期计算出的转矩参考值。

基于 $(k+2)$ 时刻的转矩预测模型 [式 (8-26)] 和转矩外推参考值 [式 (8-27)],第二级的代价函数可以构建为

$$J^{k+2} = \left[T_{ep}^*(k+2) - T_{ep}(k+2) \right]^2 + \left[T_{eq}^*(k+2) - T_{eq}(k+2) \right]^2 \quad (8\text{-}28)$$

因此,从第一级预测中选出的三个候选电压矢量 (U_{m1}、U_{m2}、U_{m3}) 的第二级代价函数值可以很容易地被计算出来。那么,三个候选电压矢量的第一级和第二级的代价函数值都可以得到,如表 8-6 所示。

表 8-6　两级预测过程中的电压矢量和代价函数值

电压矢量	U_{m1}	U_{m2}	U_{m3}
第一级代价函数值	$J_{U_{m1}}^{k+1}$	$J_{U_{m2}}^{k+1}$	$J_{U_{m3}}^{k+1}$
第二级代价函数值	$J_{U_{m1}}^{k+2}$	$J_{U_{m2}}^{k+2}$	$J_{U_{m3}}^{k+2}$

根据第一级代价函数值和同一基本电压矢量的第二级代价函数值,将两个代价函数叠加构成一个综合代价函数,设计出最优电压矢量的选择方法。

$$u_{best} = \arg\min_{\{i=1,2,3\}} \left(J_{U_{mi}}^{k+1} + J_{U_{mi}}^{k+2} \right) \quad (8\text{-}29)$$

因此,具有最小代价函数值的式 (8-29) 的电压矢量被选为最优电压矢量,在下一个控制周期应用于逆变器。以图 8-18 为例,根据表 8-6,U_2 的代价函数值最小,因此电压矢量 U_2 应被选为第 $(k+1)$ 时刻的最优电压矢量。

在这种方法中,预测过程中考虑了应用于两个控制周期的最优电压矢量,但实际只施加于下一个控制周期,因此,在相邻的两个控制周期选择相同的电压矢量的可能性大大增加。

基于本节所述的上述概念,提出的方法的流程图如图 8-19 所示。提出方法的具体步骤如下:

步骤Ⅰ:利用式 (8-19) 的预测模型预测计算电压矢量 $U_0 \sim U_7$ 的双转矩预测值,并计算出相应的第一级的代价函数值;

步骤Ⅱ:通过冒泡法 [式 (8-24)] 将第一级的代价函数值按升序排列,并选择代价函数值较小的前 3 个电压矢量,将电压矢量号定义为 $U_{m1} \sim U_{m3}$;

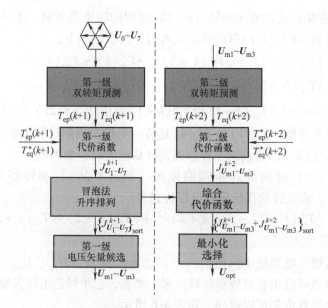

图 8-19　提出方法的流程图

步骤Ⅲ：将电压矢量 $U_{m1} \sim U_{m3}$ 代入第二级代价转矩预测模型［式（8-26）］。然后，计算出第二级的代价函数值［式（8-28）］；

步骤Ⅳ：根据第一级和第二级的代价函数值，构建电压矢量 $U_{m1} \sim U_{m3}$ 的综合代价函数式（8-29），并按升序排列；

步骤Ⅴ：选择综合代价函数值最小的电压矢量作为最佳电压矢量，用于逆变器，实现两级串联控制。

8.5.4　实验结果

为了验证提出方法的控制性能，给出了模型预测双转矩控制方法（简称为 D－MPTC）和提出的两级串联双转矩 MPTC（简称为提出方法）的实验结果。实验中使用的 SPMSM 系统的相关参数见表 8-7。此外，两种控制方法的控制频率都设定为 12kHz。

表 8-7　SPMSM 系统参数

参数	描述	值
p_n	极对数	2
R/Ω	定子电阻	3.18
$J/\mathrm{kg} \cdot \mathrm{m}^2$	转动惯量	0.00046
L/H	定子电感	0.0075

（续）

参数	描述	值
ψ_f/Wb	永磁体磁链	0.325
$T_{eL}/\text{N}\cdot\text{m}$	额定负载	5
$n_N/(\text{r/min})$	额定转速	2000
V_{DC}/V	直流母线电压	310

　　在本节的实验中，建立了基于 TI 数字处理器 TMS320F28335 的硬件平台，如图 8-20 所示。SPMSM 的控制部分被用来验证控制策略，而负载电机的控制部分被用来提供实验所需的负载转矩。

　　两种方法的稳态性能在额定负载（5N·m）下进行了不同转速下的比较。实验结果包括 a 相电流 THD、电磁转矩、定子磁链和电机转速，见图 8-21 和图 8-22。

图 8-20　实验平台图

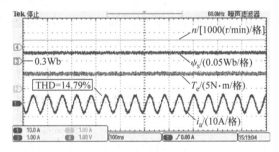

a) 500r/min

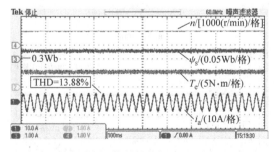

b) 1000r/min

图 8-21　D – MPTC 方法在额定负载（5N·m）不同转速时的稳态性能

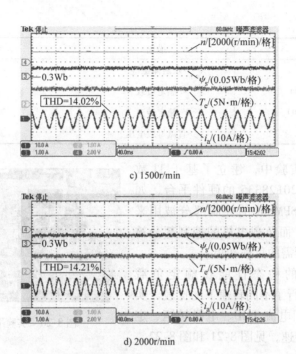

c) 1500r/min

d) 2000r/min

图 8-21　D－MPTC 方法在额定负载（5N·m）不同转速时的稳态性能（续）

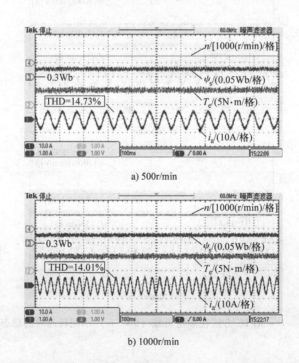

a) 500r/min

b) 1000r/min

图 8-22　提出方法在额定负载（5N·m）不同转速时的稳态性能

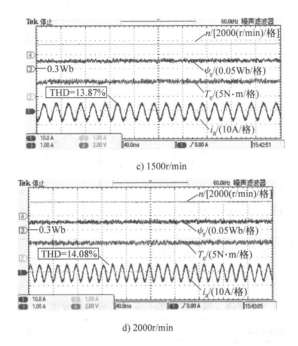

c) 1500r/min

d) 2000r/min

图 8-22　提出方法在额定负载（5N·m）不同转速时的稳态性能（续）

从图 8-21 和图 8-22 的实验结果可以看出，两种方法在不同转速下的稳态性能没有明显的差异。为了更方便地对比两种方法的稳态性能，图 8-23 以折线图的形式展示了 D – MPTC 方法和提出方法的电流 THD 实验结果。

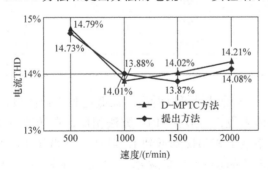

图 8-23　两种方法在不同转速下的电流 THD 比较

从图 8-23 可以看出，与 D – MPTC 方法相比，提出方法的电流 THD 在相同转速条件下保持较小的变化，波动范围在 0.15% 以内。这进一步证明了提出方法与 D – MPTC 方法具有相似的稳态控制性能。

为了更全面地比较两种方法，D – MPTC 方法和提出方法在不同转速下的开关频率对比如图 8-24 所示。在本节中，开关频率被定义为单位时间内六个开关管的平均动作时间，即平均开关频率。提出方法的开关频率明显低于 D-MPTC方法。为了更准确地比较两种方法的开关频率，表 8-8 中列出了在不同转速下提出方法相比于 D-MPTC 方法在开关频率上降低的百分比。

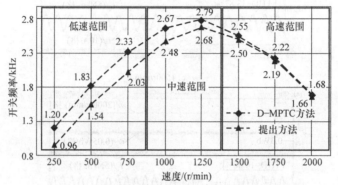

图 8-24　两种方法在不同转速下的开关频率

表 8-8　提出方法的开关频率降低百分比

转速/(r/min)		百分比
低速阶段	250	20.00%
	500	15.85%
	750	12.88%
中速阶段	1000	7.12%
	1250	4.12%
高速阶段	1500	1.96%
	1750	1.35%
	2000	1.19%

　　从图 8-24 和表 8-8 的结果可以看出，在低速和中速阶段，提出方法的开关频率明显下降。具体来说，与 D-MPTC 方法相比，在转速 500r/min 的条件下，提出方法的开关频率从 1.83kHz 降低到 1.54kHz，降低了 15.85%。随着转速的增加，开关频率降低的幅度逐渐减小。例如，在转速为 1000r/min 时，从2.67kHz 降至 2.48kHz，下降了 7.12%。然而，随着转速的提高，达到高速阶段时，开关频率的降低是极其有限的，在转速为 1500r/min、1750r/min 和2000r/min 时分别只有 1.96%、1.35% 和 1.19%。因此，提出的两级串联 D-MPTC 方法在降低开关频率方面的优势主要体现在低速和中速阶段。

　　另一方面，为了实现公平的比较，本节还提供了两种方法在相同开关频率下的实验结果。当需要对不同的控制方法进行比较时，这被认为是通常的做法和标

准。因此，为了进一步比较两种方法在相同开关频率下的稳态控制性能，以 D –
MPTC 方法在不同速度下的开关频率为参考（D – MPTC 方法的开关频率如
图 8-25所示），对提出方法在不同转速下的控制频率进行修改，以保证两种方法
在相应速度下的开关频率相同（例如，建议的方法在 500r/min 时的控制频率被
修改为 14.08kHz，这使得提出方法的开关频率与 D – MPTC 方法的开关频率相
同，为 1.83kHz）。

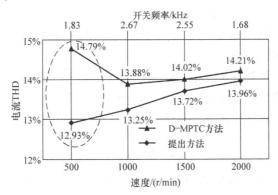

图 8-25　低速阶段相同开关频率下两种方法的稳态控制性能

此外，为了比较两种方法的动态响应性能，当负载转矩从 2N·m 变化到
5N·m，速度为 500r/min 时的实验结果如图 8-26 所示。可以看出，两种方法的
动态响应时间相似，这说明提出方法虽为两级串联预测控制，但并没有降低 D –
MPTC 方法的动态响应能力。

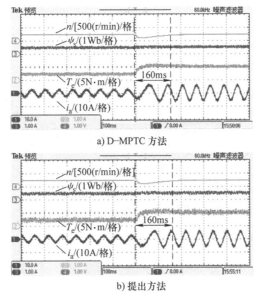

图 8-26　当转速为 500r/min 时，负载转矩从 2N·m 变化到 5N·m 时，
两种方法的动态响应实验结果

　　综上，在该方法中，设计了第一级预测来选择候选电压矢量，再通过串联进行第二级预测，通过设计的综合代价函数来选择下一控制周期的最优电压矢量。最后，通过实验验证了所提方法的有效性。

8.6　本章小结

　　本章提出了一种多级串联模型预测控制方法，将每个电压矢量预测电流轨迹外推到多个预测时刻，并从中选择出能够使系统达到整体最优的电压矢量。而预测级数可根据实际的控制要求进行确定。实验结果表明，在控制频率固定时，该方法能够有效降低系统开关频率。此外，本章也进行了相同开关频率下传统方法与提出方法的电流控制性能对比实验，实验结果从另一个角度说明了所提出的方法能够在开关频率相同时，提升系统的电流稳态控制性能。

参 考 文 献

[1] ZHANG X, YAN K, CHENG M. Two – stage series model predictive torque control for PMSM drives [J]. IEEE Transactions on Power Electronics, 2021, 36 (11): 12910 – 12918.

[2] ZHANG X, ZHAO Z. Multi – stage series model predictive control for PMSM drives [J]. IEEE Transactions on Vehicular Technology, 2021, 70 (7): 6591 – 6600.

[3] SIAMI M, KHABURI D A, Rivera M, et al. An experimental evaluation of predictive current control and predictive torque control for a PMSM fed by a matrix converter [J]. IEEE Transactions on Industrial Electronics, 2017, 64 (11): 8459 – 8471.